森林生态系统
植物多样性
研究与保护

刘林馨　著

化学工业出版社

·北京·

内容简介

本书以我国典型森林生态系统小兴安岭林区为研究对象，对该林区进行全面细致的植物多样性调查，明确小兴安岭地区植物多样性现状、历史变化，并预测其发展趋势，评价小兴安岭森林生态系统植物多样性的生态服务功能，建立和完善小兴安岭森林植物多样性数据库，为准确评价东北地区乃至全国植物多样性提供地区基础资料，为国家制定植物多样性保护相关政策提供科学依据。

本书适合开展森林生态系统植物多样性相关研究的高校和研究院所的研究生参考使用，希望该书浅显的研究内容能对开展相关研究的专家有一定的启示作用。

图书在版编目（CIP）数据

森林生态系统植物多样性研究与保护/刘林馨著.
—北京：化学工业出版社，2022.9
ISBN 978-7-122-41706-0

Ⅰ.①森…　Ⅱ.①刘…　Ⅲ.①小兴安岭-植物-生物资源保护-研究　Ⅳ.①S718.55

中国版本图书馆 CIP 数据核字（2022）第 102234 号

责任编辑：孙高洁　刘　军　　　文字编辑：李娇娇
责任校对：边　涛　　　　　　　装帧设计：关　飞

出版发行：化学工业出版社
　　　　　（北京市东城区青年湖南街 13 号　邮政编码 100011）
印　　装：北京七彩京通数码快印有限公司
710mm×1000mm　1/16　印张 10¼　彩插 4　字数 188 千字
2022 年 9 月北京第 1 版第 1 次印刷

购书咨询：010-64518888　　　　售后服务：010-64518899
网　　址：http://www.cip.com.cn

前言

　　森林生态系统是陆地生态系统的主体，森林植物多样性是导致生态系统具有复杂的结构及生态过程的主要原因。因此，本书从森林群落尺度上研究不同水平的植物多样性的自然动态，为生物多样性的研究、保护和持续及合理利用提供一定的本底资料，对于森林经营管理和生态系统功能的维持也具有十分重要的意义。

　　小兴安岭林区地处我国温带东北部，是我国最大的林区之一，为我国森林生态系统的重要组成部分。该区是我国重要的木材生产基地。长期以来过度的人为干扰，使大面积原生群落遭到严重破坏，变成了低价次生林，绝大部分森林处于次生演替的不同阶段。森林资源的数量和质量锐减。珍稀动物的生存条件和栖息地发生了巨大变化，种群的繁衍受到抑制，物种数量减少。森林生态系统遭到严重破坏。水灾、火灾、虫灾、旱灾时常发生。这一切都是由生物多样性遭到严重破坏所导致的，因此定期开展该地区的森林植物多样性及其生态服务功能价值的深入系统研究意义重大、迫在眉睫。

　　本书共分为 8 章，具体内容如下：第 1 章，介绍了森林植物多样性的概念、研究意义和研究现状，以及本书的主要研究内容；第 2 章，介绍了本书主要研究区域小兴安岭林区的概况，包括地理位置与行政区划、地质地貌、土壤、水文、气候、植被、森林资源和社会发展状况；第 3 章，阐述了本研究的样地设置方法、调查研究方法及生物多样性测度方法；第 4 章，以小兴安岭林区为研究区域，阐述其种子植物的基本组成、多样性及分布区类型；第 5 章，主要介绍小兴安岭森林群落不同演替阶段植物物种多样性和典型群落类型植物多样性及其经纬度梯度格局；第 6 章，对小兴安岭森林植被进行了分类与区划；第 7 章，介绍了小兴安岭森林生态系统服务功能价值的研究内容和采取的主要方法；第 8 章，总结了森林生态系统功能应用，包括森林生态系统服务功能利用、森林生态系统经营与利用、植物物种多样性保护与利用以及森林生态系统碳中和的利用。

本书是笔者在博士论文的基础上，经过多年深入研究进一步积累而成的。先后得到了科技部"东北森林植物种质资源专项调查"（2007FY110400—5）项目、山东建筑大学博士基金"不同种源地委陵菜属植物良种选育及园林草坪应用研究"（X21083Z）项目的资助。在研究过程中，笔者得到了导师毛子军教授的悉心指导，在实验和数据整理过程中得到了很多同学和同仁的大力帮助，伊春林科院的各位领导和专家、黑河市林业和草原局的领导和工作人员以及黑龙江省林业勘察设计院的老师也给予了资料和数据支持，在此一并表示感谢。

本书是笔者 10 年来开展小兴安岭森林生态系统植物多样性研究工作的一份总结，研究内容还不够系统全面，有些内容尚需要进一步深入研究。鉴于作者的知识水平有限，书中难免有不妥之处，恳请同行专家批评指正。

著者
2022 年 5 月

目录

1 绪论 001

1.1 森林生态系统植物多样性概述   001
    1.1.1 森林生态系统植物多样性概念   001
    1.1.2 森林生态系统植物多样性研究意义   002
1.2 森林生态系统植物多样性研究现状   004
    1.2.1 国外研究现状   004
    1.2.2 国内研究现状   007
    1.2.3 小兴安岭森林生态系统植物多样性研究现状   009
1.3 森林生态系统植物多样性研究的发展趋势   010
1.4 小兴安岭森林生态系统植物多样性研究的意义   011

2 我国典型森林生态系统概况（以小兴安岭为例） 012

2.1 地理位置与行政区划   012
2.2 地质地貌   013
2.3 土壤   014
2.4 水文   015
2.5 气候   015
2.6 植被概况   016

2.7 森林资源和社会发展状况 017

3 森林生态系统植物多样性调查研究方法 019

3.1 资料收集 019
3.2 野外样地设置 019
3.3 调查研究方法 020
3.4 生物多样性测度方法 021
    3.4.1 重要值的测度方法 021
    3.4.2 α多样性的测度方法 021
    3.4.3 内业分析与数据处理 022

4 小兴安岭种子植物区系组成与特征 023

4.1 小兴安岭种子植物区系的基本组成 023
4.2 小兴安岭种子植物区系的多样性 024
    4.2.1 种子植物科的多样性 025
    4.2.2 种子植物属的多样性 029
4.3 种子植物的分布区类型 033
    4.3.1 科的分布区类型 033
    4.3.2 属的分布区类型 035

5 小兴安岭森林生态系统植物多样性 038

5.1 小兴安岭森林群落植物物种丰富度 038
    5.1.1 各大类群物种丰富度特征 038
    5.1.2 不同次生演替系列物种丰富度特征 041
5.2 典型群落类型植物多样性及其经纬度梯度格局 044
    5.2.1 阔叶红松林 045
    5.2.2 白桦、山杨次生林 050
    5.2.3 落叶松林 055
    5.2.4 蒙古栎次生林 058

5.2.5 四种主要群落类型多样性指数比较 063

5.2.6 海拔高度对原始阔叶红松林物种多样性的影响 066

5.2.7 经、纬度对植物多样性的影响 071

5.2.8 海拔梯度对物种丰富度和植物多样性的影响 074

6 小兴安岭森林植被的分类与区划 076

6.1 小兴安岭植被的分类 076

6.1.1 小兴安岭植被的分类原则 076

6.1.2 小兴安岭植被分类的单位和系统 078

6.2 小兴安岭植被的区划 080

6.2.1 植被区划的原则和依据 080

6.2.2 植被区划的单位 080

6.2.3 水平地带植被区划 081

6.2.4 小兴安岭植被的垂直地带性 081

7 小兴安岭森林生态系统服务功能价值 083

7.1 涵养水源 084

7.2 保育土壤 085

7.3 固碳制氧 086

7.4 营养积累 087

7.5 净化环境 087

7.6 生物多样性保护 088

8 森林生态系统功能应用 090

8.1 森林生态系统服务功能利用 090

8.1.1 森林涵养水源的功能与价值 090

8.1.2 森林保育土壤的价值 091

8.1.3 森林固定 CO_2 与释放 O_2 的价值 092

8.1.4 积累营养物质价值 093

8.1.5　净化大气环境的价值　　　　　　　　　　093

8.1.6　森林维持生物多样性功能的价值　　　　094

8.2　森林生态系统经营与利用　　　　　　　　　096

8.3　植物物种多样性保护与利用　　　　　　　　097

8.3.1　植物物种多样性保护状况　　　　　　　097

8.3.2　植物物种多样性利用　　　　　　　　　099

8.4　森林生态系统碳中和的利用　　　　　　　　099

附录　小兴安岭种子植物野外调查名录　　　101

参考文献　　　148

1

绪 论

1.1 森林生态系统植物多样性概述

1.1.1 森林生态系统植物多样性概念

生物多样性（biodiversity）是生物及其与环境形成的生态复合体以及与此相关的各种生态过程的总和，包括数以百万计的动物、植物、微生物和它们所拥有的基因以及它们与其生存环境形成的复杂的生态系统，是生命系统的基本特征。生命系统是一个等级系统，包括多个层次或水平：基因、细胞、组织、器官、物种、种群、群落、生态系统、景观。每一个层次都具有丰富的变化，即都存在着多样性。一般认为，生物多样性包括了 4 个主要层次：遗传多样性、物种多样性、生态系统多样性和景观多样性[1]。

植物多样性（plant diversity）是生物多样性中以植物为主体，由植物、植物与环境之间所形成的复合体及与此相关的生态过程的总和。植物多样性是生物多样性的重要组成部分[2]，涉及遗传多样性（genetic diversity）、物种多样性（species diversity）、生态系统多样性（ecosystem diversity）和景观多样性（landscape diversity）4 个层次[3]。植物多样性是生态系统稳定的基础，是森林植被恢复重建的指导理论，侧重点是一个自然环境空间内的所有植物生态系统，因此生态系统的多样性离不开植物。植物多样性价值可以从下列两个方面得以了解：第一，直接价值。从植物多样性的野生和驯化的组分中，人类得到了所需的全部食品、许多药物和工业原料，同时，它在娱乐和旅游中也起着重要的作用。第二，间接价值。间接价值主要与生态系统的功能有关，通常它并不表现在国家核算体制上，但如果计算出来，它的价值大大超过其消费和生产性的直接价值。植物多样性的间接价值主要表现在固定太阳能、调节水文相关过程、防止水土流失、调节气候、吸收和分解污染物、贮存营养元素并促进养分循环以及维持进化过程等 7 个方面。随着时间的推移，植物多样性的最大价值可能在于为人类提供适应当地和全球变化的机会。植物多样性的未知潜力为人类的生存与发展描绘了不可估量的美好前景。

森林生态系统（forest ecosystem）是指以乔木和竹类为主的生物群落（包括植物、动物和微生物）与其非生物环境（光、热、水、空气、土壤等）通过物质交换和能量流动构成相互联系和相互作用的动态系统[4]，是陆地生态系统中面积最大、最重要、分布最广泛的自然生态系统，在净化空气、调节气候、保护环境方面起着重大作用[5]。

森林生态系统植物多样性是陆地生态系统多样性的重要组成部分和分布主体，是植物多样性研究的一个重要领域。由于森林植物的生物特征和功能多样性决定了森林生态系统的多样性，森林生态系统植物多样性可以提供多样化的生境，丰富物种的基因库[6]，因此森林生态系统植物物种多样性成为研究森林生态系统生物多样性的首要选择。

1.1.2　森林生态系统植物多样性研究意义

生物多样性是地球上最珍贵的资源和奇迹，是人类社会赖以生存和发展的基本食物、药物和工业原料的主要来源和维持生态平衡的要素[7]。由于在整个生命世界中的重要性和不可替代性，生物多样性与全球变化、生态系统的可持续发展并称为国际上生态学的三大热点问题[8]。然而，随着人口的迅速增长与人类活动的加剧，生物多样性受到了严重的威胁，这成为当今世界性的环境问题之一。因此，保护生物多样性受到国际社会的普遍关注。

在过去的 2 亿年中自然界每 27 年就有一种植物物种从地球上消失，随着人类活动的加剧，森林植物物种灭绝的速度不断加快，现在物种灭绝的速度是自然灭绝的 1000 倍[9,10]！很多森林植物物种未被定名即已灭绝，大量的基因丧失，不同类型的森林生态系统面积锐减。无法再现的基因、物种和生态系统正以人类历史上前所未有的速度消失。更为严重的是我们对于濒危物种知识的贫乏[11]。如果不立即采取有效措施，人类将面临能否继续以其固有的方式生活的挑战。森林生态系统植物多样性的研究、保护和持续、合理利用亟待加强[12]。中国是森林植物多样性特别丰富的国家之一，同时又是森林植物多样性受到最严重威胁的国家之一。如果不立即采取有效措施遏制这种恶化的态势，中国的持续发展会变得相当困难，甚至影响到世界的发展与安全[13]。

森林植物多样性是导致森林生态系统具有复杂的结构以及生态过程的主要原因之一。首先，森林生态系统中各种植物所携带的遗传基因构成了丰富和完整的植物基因库，为植物物种多样性奠定了基础，也是维持整个生态系统平衡和稳定的重要因素；其次，森林植物物种组成越丰富，其物质的循环、能量的流动、信息的传递越复杂，生态系统多样性越高，其自我修复能力就越强，同时也可以为森林中的物种提供更良好的生境，为生物进化和新物种的产生奠定基础，并且在一定程度上防止关键物种和濒危物种的丧失。因此，从森林群落尺度上研究不同水平的植物多样性的自然动态是极为重要的，这不仅是为了评估人类活动对生物多样性的影响，也是为了确立持续利用生物多样性的良好途径[14]。

近几十年间，我国天然林面积减少约 110 万公顷，成熟林面积已经从 20 世纪 50 年代初期 1200 万公顷减少到目前的 560 万公顷[15]。森林生态系统植物多样性急剧下降，不仅会影响人类活动所需的基本物质的供给，还会致使动植物物种生存的空间、生活栖息与繁衍的环境遭受破坏而使动植物面临濒危或灭绝，并直接威胁整个生态系统的功能，进而影响气候、水文等诸多环境因素。因此，对生物多样性的研究，尤其是森林生态系统的植物多样性的研究对于维持生态系统功能和森林经营管理都有着十分重要的意义。

小兴安岭地区是我国重要的木材生产基地。由于近几十年的人为干扰，大面积原生森林植物群落遭到严重破坏，变成了低价次生林，处于演替过程。森林资源的数量和质量锐减。珍稀动物的生存条件和栖息地发生了巨大变化，种群的繁衍受到抑制，物种数量减少。森林生态系统遭到严重破坏。水灾、火灾、虫灾、旱灾时常发生。这一切都是由于森林植物多样性遭到严重破坏，因此应迅速开展该地区的森林植物多样性及其生态服务功能价值。

1.2　森林生态系统植物多样性研究现状

1.2.1　国外研究现状

生物多样性的研究始于 20 世纪 40 年代，最初是第二次世界大战以后，工业的迅速发展和人口急剧增加，给环境造成了重大影响，人类赖以生存和发展的生物多样性也受到的极大威胁，许多物种处于濒危甚至走向灭绝的边缘，生物多样性保护引起了全社会的极大关注[16-18]。生物多样性的概念是 1943 年 Fisher 和 Williams 在研究昆虫物种多度关系时提出的，并首创了物种数和群落丰富度关系相对多度的对数分布模型，引起了人们的注意[19,20]。

自 20 世纪 80 年代以来，生物多样性问题日益受到国际组织、各国政府和科学界的重视。许多国际组织和国家编制了与生物多样性相关的法规、战略计划，组织开展生物多样性的科学研究和保护行动，在一定程度上遏制了生物多样性减少的速率。如国际生物多样性科学研究规划（DIVERSITAS）对全球生物多样性变化和丧失引起的复杂科学问题进行了研究；世界自然保护联盟（IUCN）于 2008 年 10 月在西班牙巴塞罗那召开的世界自然保护联盟大会上正式发布《塑造可持续的未来：IUCN 2009—2012 年计划》。此外，一些国家的基金组织还发起了一些具有全球前瞻意义的生物多样性计划，如"生命之树计划"（Tree of Life，TOL）、"国际生命条码计划"（iBOL）等。2021 年，中国主办了联合国《生物多样性公约》第 15 次缔约方大会（COP 15），通过了"昆明宣言"，这次大会将审议通过 2020 年后全球生物多样性框架，以扭转当前生物多样性丧失趋势并确保最迟在 2030 年使生物多样性走上恢复之路，明确 2021—2030 年全球生物多样性保护目标并制定有效的履约机制，展望 2050 年全球生物多样性愿景，为未来森林生态系统植物多样性的研究指明了方向[21]。

植物多样性的研究内容广泛，从微观的分子水平到宏观的景观水平。主要涉及多样性的测度、关键种及其保护[22]、冗余种[23]、干扰下的生态系统多样性[24]以及动态监测等[25,26]。遗传多样性是生物在长期进化和发展过程中形成的自然属性，这种属性不仅体现在物种种群间、种群内的差异，而且也体现在不同的个体之间，是物种种群和个体遗传变异的总和。人为干扰的增加和生态环境的持续恶化已成为当前物种遗传衰竭、竞争产生特化及进化潜能丧失的主要诱因。据估计，地球上濒危植物约 2 万种，中国有 4000～5000 种处于濒危状态，植物多样性正经受严峻的威胁与破坏，遗传多样性大量丧失。遗传多样性的检测方法从形态学水平、细胞学（染色体）水平、生理生化水平发展到当前的分子水平，任何一种检测手段在特定的研究领域、研究对象中都有不可替代的作用，需要彼此之间相互印证。RFLP、AFLP、RAPD、ISSR 等相关实验手段在植物遗传多样性中的广泛运用，有力推动了植物多样性保护和可持续利用，在研究种群地理格局分布、种群间基因交流、个体间亲缘关系、物种稀有或濒危原因[27,28]、转基因物种鉴定及分子标记育种等方面做出了巨大贡献。物种多样性既是遗传多样性的载体，又是生态系统多样性和景观多样性形成的基础，是近半个世纪以来植物多样性研究较活跃的层次。对于物种多样性的研究主要涉及群落结构、与环境因子的关系，如：海拔、水分条件、土壤条件、坡向或坡位、干扰、交错带等[29-33]；物种多样性调查与编目，形成、演化及维持机制，濒危状况、灭绝程度及原因，保护和可持续利用，植物区系特有性，群落特征及生活型组成等方面。同时，有专家认为还应在物种迁地保护、应对全球气候变化、完善信息系统等方面加大资金和物力的投入。生态系统多样性与稳定性的关系一直是生态学研究的焦点。生态系统稳定性表现的是生态系统受到干扰后保持或恢复原有状态的能力[34,35]。对植物多样性变化如何影响森林生态系统功能进行了诸多的试验研究，比如初级生产力、物质循环和生态系统的稳定性维持等方面如何受植物多样性的影响[36-39]。众多理论性和经验性的研究均说明植物多样性在森林生态系统进程中起到调控作用[40]。植物多样性能够影响生态系统的稳定性、生产力以及营养动态。早期，相关的研究主要集中在植物多样性对生态系统产量的影响，因为产量是生态系统功能的最基本特征。后来，对于植物多样性和生态系统稳定性也开展了大量的工作，全球各地开展了一系列包括森林生态系统植物多样性控制实验和观测研究，以及宏观的多地点联网的野外观测和控制实验[41,42]。总体上，这些研究表明植物多样性可以促进森林生态系统功能的稳定性，但其对种群或功能群层面的稳定性可能有不同作用[43]。因此该研究中还存在诸多的争议。因此，对植物多样性与森林生态系统功能关系的研究有待进一步深入。景观多样性层次上的研究起步较晚，近年来，景观多样性的研究主要集中在景观格局和生物多样性的保护、生境（特别是森林）的片段化对生物多样性的影响、景观的异质性与景观多样性的测度，以及人类活动对景观多样性的影响和景观规划与管理等方面[44]。

目前，由于天然林面积的不断缩减，森林生态系统植物多样性研究多集中在自然生态系统。随着近年来森林生态系统植物多样性及其保护研究受到前所未有的高度关注，森林生态系统植物多样性变化也日益受到重视，成为林业、土壤和生态科技工作者关注的焦点问题。

值得注意的是，过去的森林植物多样性研究大多限于某一群落和某一演替阶段的物种组成以及与环境因子的相互关系，直接针对森林恢复和演替过程中植物多样性进行研究的很少[45]，因为每一个群落的演替要达到顶极群落都需要较长时间，而长时期的野外跟踪调查，对森林演替或生长过程的长期直接动态监测需要花费很长时间，很多时候条件不能满足。但也有人根据长期积累的数据资料对某些地区进行了植物多样性在演替梯度上的研究，发现在演替进程中初期植物多样性不断增加，在中后期达到一个峰值，这时的群落并未达到顶极群落而是群落结构多样性最高的时期（如森林群落就是乔木层、灌木草本层同时具备的时期），群落中喜阴植物和喜阳植物同时并存。但是在以后向顶极群落演替过程中，群落优势种逐渐明显，均匀度降低，加上优势种的他感作用，群落植物物种多样性降低[46]。其他一些学者也发现类似的规律。然而，也有学者认为，演替达到顶极群落时的植物物种多样性最大，因为群落的演替是向着较高的植物多样性和更稳定的方向发展的[47]。

导致上述结论不同的原因可能是森林群落演替过程中群落类型、演替过程以及环境因子、研究方法的差异。因为森林群落的演替是一个动态过程，在这个过程中，影响森林群落演替过程中植物物种组成的因素较多，如光照、土壤条件的动态变化，而森林群落与所处的环境条件相互影响，导致森林群落物种和结构逐步发生变化，森林群落生物多样性发生不断变化[48-51]。对森林演替或生长过程的长期直接动态监测需要花费很长时间，很多时候条件不能满足。作为替代方法，年代序列法（chronosequence）成为森林长期动态研究的常用方法[52,53]。该方法通过空间代替时间，在较短时间内获得与森林长期动态较为接近的预测。该方法已得到广泛运用，年代序列法中有一个很重要的假设，即对于同一个群落类型而言，通过不同林龄林分所观察到的变化可以代表一个特定林分随林龄的变化模式[54]。

近年来有关森林生态系统生态服务功能的研究逐渐兴起，因为森林是最重要的陆地生态系统之一，蕴含着极为丰富的生物多样性，不仅能够为人类提供木材等直接价值，更重要的是它的间接价值，如减缓气候变化、保持水土、涵养水源等。而直接的经济价值除了利用木材本身，森林固碳作用的经济价值已在减缓气候变化相关的碳贸易项目中得以实现[55]。我国目前大面积营造的人工林是碳贸易的主体。2009年12月哥本哈根气候大会上特别强调加强森林管理和保护生物多样性对碳固持的作用；2010年12月的坎昆气候变化大会通过的坎昆协议的目标之一即保护世界主要碳汇的森林。不同植被区域及不同的森林类型其生态系统服务功能有所差别，因此目前关于森林生态系统的服务功能价值评估的研究逐渐增多[56,57]。

植物多样性研究的另一项重要内容是监测和评估生物多样性保护[58]。为了评估生物多样性变化趋势和保护进展，特别是 2002 年第六次缔约方大会通过的 2010 年生物多样性保护目标的实现程度，《生物多样性公约》秘书处与联合国环境规划署的世界保护监测中心（WCMC-UNEP）和联合国开发计划署（UNDP）一起于 2003 年 5 月在伦敦召开了专门的研讨会，旨在建立易于操作的评估方法。2010 BIP 的项目成果[59]代表了目前生物多样性评价的发展方向。2004 年，《生物多样性公约》第七次缔约方大会通过决议，建立了生物多样性评估的指标体系，包括 7 个重要方面：①生物多样性组分的现状和变化趋势；②可持续利用；③威胁因素的变化；④生态系统的完整性及生态系统提供的产品和服务；⑤传统知识、创新和做法的现状；⑥获取和惠益分享的状况；⑦财务资助情况。那么，这些指标和体系也同样适用于森林植物多样性的监测和保护。

多样性评价指数作为测定植物多样性高低及空间分布特征的数值指标，一直是植物多样性研究的重要内容。自 Williams 首次提出物种多样性后，便相继出现了测度方法的研究[60]。Whittaker 对植物多样性评价指数进行了较为科学、全面的论述，将其归纳为 α 多样性、β 多样性和 γ 多样性 3 类[61]，积极推动了植物多样性研究的开展。

国际森林生态系统植物多样性研究经过 40 余年的发展，已经建立了相对系统的学科体系、密切联系的研究框架和覆盖庞大的监测网络，有关森林生态系统植物多样性的研究能力不断提升，科学认识也不断发展，这为从全球、区域和局地等多个层次上的生态保护与可持续利用提供了重要的科学决策基础。

1.2.2　国内研究现状

我国是地球上植物多样性最丰富的国家之一，是地球上种子植物区系起源中心之一。我国有高等植物 3 万余种，占全球物种总数的 10%。

从 20 世纪 50 年代开始，我国就组织了多次大型的植物多样性本底调查，全国性和地区性的植被专著、植物志、中国植物红皮书、孢子植物志及各种经济植物志等，在植物多样性信息方面积累了极其丰富的资料，为我国的植物物种多样性和生物多样性研究奠定了良好的基础。

近年来，中国植物多样性监测网络发展迅速，建立了中国生物多样性监测与研究网络（Sino BON）和中国生物多样性观测网络（China-BON），监测植物、动物和微生物等多个类群的生物多样性变化。Sino BON 包括森林网、林冠网，其中，森林网建立了沿纬度梯度从寒温带到热带的 23 个大型森林监测样地；林冠网在森林网的 8 个样地建立了林冠塔吊。中国森林生态系统研究网络（CFERN）现在由 9 个代表性森林类型中建立的 110 个站点组成。国家林业和草原局建立了国家尺度的林业清查系统，监测林业资源和生物多样性的变化[62]。

通过 3 代人 200 多位植被学者的努力，《中国植被图集（1∶1000000）》于 2001 年出版；并于 2007 年更新为《中华人民共和国植被图（1∶1000000）》，含 960 个群系和亚群系及 116 个植被区。2020 年，《中国植被图（1∶1000000）》更新为 12 个植被型 866 个群系和亚群系，与前 2 期的中国植被图相比较，大约 330 万平方公里的植被类型发生了变化，且有 20 余个省级植被图已经出版。《中国植被》综合描述了中国主要植被类型的区系组成和分布。2017 年，《中国植被志》的《中国云杉林》率先出版，标志着《中国植被志》系列丛书出版的开端。这些植被图和植被志书的出版将为我国植物多样性保护规划和行动提供本底资料。我国学者在 2018 年开始建设生物多样性与生态安全大数据平台（BioONE），大数据共享与服务平台为生命起源地演化、濒危野生动植物保护成效、国家《生物多样性保护公约》履约等重要科学研究及应用提供支撑与服务[62]。

我国现在共有各种类型的植物园（树木园）162 个，据统计，我国 162 个植物园迁地保育维管植物约有 396 科、3633 属、23340 种（含种下等级），其中我国本土植物为 288 科、2911 属、约 20000 种，分别占我国本土高等植物科的 91%、属的 86%、种的 60%；迁地保育濒危及受威胁植物的数量约 1500 种，约为我国记载的濒危及受威胁植物物种数量的 39%；建立了 1195 个植物专类园区，对我国本土植物多样性保护发挥了积极作用。在野生植物种质资源保护方面，中国西南野生生物种质资源库已经搜集保存植物种子 80105 份（隶属于 10048 种），DNA 材料 55175 份（隶属于 6154 种），离体材料 23500 份（隶属于 2003 种）[62]。

植物物种多样性研究：我国目前关于物种多样性的研究力度逐渐加强，主要是对某一地理区域的物种多样性的本底调查，进行物种编目、区系分析研究等。我国对遗传多样性的研究集中在对蛋白质、DNA 和染色体多态性的测定上，有关研究方法主要包括形态学方法、核型分析方法、同工酶分析方法、分子标记方法（RFLP、DAF、RAPD、PCR、STS、AFLP 等技术）。涉及的对象包括一些农作物如油菜、水稻等；生态系统多样性的研究主要是对生态系统的组织化水平、生态系统多样性的维持与变化机制和生态系统多样性在空间和时间尺度上的变化的研究，其中以探讨生境类型的差异及不同生境中生物群落在物种组成及多样性上的变化和生态系统多样性和稳定性研究为主[63]。景观多样性研究，最近景观格局和生物多样性的保护、生境（尤其是森林）的片段化对生物多样性的影响、景观的异质性与景观多样性的测度，以及人类活动对景观多样性的影响和景观规划与管理等方面引起了广泛的关注[64]。

自 20 世纪 90 年代我国学者开始进行植物多样性评价指标的探讨，主要侧重于生态系统尺度及局域尺度上的生物多样性评价，主要从遗传、物种和生态系统三个层次，利用多样性、特有性、代表性、稀有性、稳定性和干扰性等指标分析植物多样性的组成与结构[65-68]。但大多集中在从区域尺度上对植物多样性的某一个层次进行评价。近年来，随着国内外对植物多样性评价越来越重视，很多学者开始注重大尺度的植物多样性评价体系研究[69-71]，如：张颖对我国 1973～1998 年的森林植物多样性变化进行评价时利用"压力-状态-响应"法构建了一个评价指标构架[72]，并在 2008 年对该指标框架不足之处进行了完善，在 2021 年基于森林植物多样性评价模型，对 1973～2018 年的中国森林植物多样性的变化状态进行评价分析[73]；丁辉和秦卫华在构建的评价指标中使用了 PSR 框架，从现状指标中的森林类型、规模和天然性等 9 个方面选取了 17 个指标对森林植物多样性现状进行了评价[74]。在对森林植物多样性的物种多样性和群落多样性进行评价时，多直接采用测度指数作为评价指标。例如，李宗善等在西双版纳热带山地雨林的植物多样性研究中，通过 4 个测度指数来反映群落物种多样性现状：物种丰富度指数、Shannon-Wiener 多样性指数、Simpson 优势度指数以及 Pileou 均匀度指数[75]。熊好琴等在对云南省漫湾库区周边常绿阔叶林群落植物多样性进行研究时，同样选择用 Shannon-Wiener 多样指数、Simpson 优势度指数和 Margalef 物种丰富度指数来研究群落多样性[76]。总之，虽然我国许多学者对森林植物多样性的评价方法做了全面的阐述，但是由于森林生态系统的复杂性，对其全面、科学和系统的评价还需要进一步完善，我国森林植物多样性的评价方法还处于发展阶段。

近几十年，我国的植物多样性研究已经取得了显著进展，但是在植物多样性科学的概念和理论方面突破性的研究仍较少，仍需要加强这些领域的研究。因此，我国开展植物多样性研究的专家提出，中国未来植物多样性的发展要求植物多样性科学与植物多样性保护实践的结合；加强新技术与新方法在植物多样性研究中的应用，特别是基因组学与遥感等技术的革新，加强不同学科之间的交叉，推动植物多样性科学的发展；进一步加强和扩大国际合作，进行跨区域合作与研究。

1.2.3 小兴安岭森林生态系统植物多样性研究现状

目前关于小兴安岭森林生态系统生物多样性的系统研究甚少，周以良先生等于 1994 年出版的《中国小兴安岭植被》是目前为止对小兴安岭地区生物多样性最详尽的研究，之后对该区域内植物物种多样性的研究则多见于具体群落类型或个别小区域的研究。如张玲等比较研究大、小兴安岭植物区及交错区物种多样性[77]；赵丽娜等对小兴安岭天然白桦林植物物种多样性进行了多尺度分析[78]；张象君等报道了小兴安岭落叶松人工纯林近自然化改造对林下植物多样性的影响[79]；刘少冲等研究了林隙对小兴安岭阔叶红松林树种更新及物种多样性的影响[80]；许春菊等探讨了小兴安岭地区森林保护与生物多样性问题[81]；董亚杰等分析了小兴安岭东北部植被组成的生活型及生活型谱[82]；徐存宝等分析了小兴安岭阔叶红松林下草本植物分布的特点[83]；王立海等还研究了小兴安岭带岭林区阔叶红松林景观多样性与稳定性[84]；王文杰等近期开展了小兴安岭凉水国家级自然保护区植物 beta 多样性及其影响因素的研究等[85]。

随着人类活动和自然原因的干扰，小兴安岭地区的植被不断发生变化。已有近 20 多年未对该地区进行全面的调查，这引起了我国政府的重视，2007～2012 年科技部专门立项（科技基础性工作专项重点项目"东北森林植物种质资源专项调查"，项目号 2007FY110400）调查该地区的野生植物资源现状，本项研究即是该项目的研究内容之一。小兴安岭地区的植物多样性的现状亟待更加全面、深入的研究。

1.3　森林生态系统植物多样性研究的发展趋势

总结国内外植物多样性的研究现状和趋势，对于多样性研究有以下几大热题：①植物多样性的调查、编目及信息系统的建立；②人类活动对植物多样性的影响；③植物多样性的生态系统功能；④植物多样性的长期动态监测；⑤濒危机制及其保护对策的研究；⑥栽培植物及其野生近缘的遗传多样性研究；⑦植物多样性保护技术与对策。从关键地区植物多样性化机制揭示其生态系统功能，阐明人为及自然干扰对植物多样性丧失的作用机理，探讨植物多样性恢复的途径[86]。

总之，森林植物多样性研究涉及许多学科，具有极强的综合性，遗传学、分子生物学、生物地理学、分类学、种群和生态系统生态学、恢复生态学、保护生物学乃至一些社会学和计算机技术都在森林植物多样性的研究中发挥着重要作用[87]。

1.4 小兴安岭森林生态系统植物多样性研究的意义

　　森林生态系统是自然生态系统重要的组成部分，也是地球上的生物与其环境相互作用形成的复杂系统之一，所以从森林群落尺度上研究不同水平的生物多样性的自然动态是极为重要的，这不仅为我们评估人类活动对生物多样性的影响提供了基础，也为持续利用生物多样性提供了良好途径。

　　小兴安岭林区地处我国温带东北部，是我国最大的林区之一，林区面积1206万公顷，其中森林面积500多万公顷，林木蓄积量约4.5亿立方米，森林覆被率为72.6%，为我国森林生态系统的重要组成部分。该区是我国重要的木材生产基地。长期以来过度的人为干扰，使大面积原生群落遭到严重破坏，变成了低价次生林，绝大部分森林处于次生演替的不同阶段。森林资源的数量和质量锐减，珍稀动物的生存条件和栖息地发生了巨大变化，种群的繁衍受到抑制，物种数量减少，森林生态系统遭到严重破坏，水灾、火灾、虫灾、旱灾时常发生。这一切都是由于生物多样性遭到严重破坏所导致的，因此定期开展该地区的森林植物多样性及其生态服务功能价值的深入系统研究意义重大，迫在眉睫。

　　由于小兴安岭林区在森林生态系统植物多样性研究的重要意义，本书以小兴安岭林区为主要研究对象，通过对小兴安岭林区全面细致的调查，明确小兴安岭地区植物多样性现状、历史变化，并预测其发展趋势，评价小兴安岭森林生态系统生物多样性的生态服务功能，建立和完善小兴安岭森林生物多样性数据库，为准确评价东北地区乃至全国生物多样性提供地区基础资料，为国家制定生物多样性保护相关政策提供科学依据。

2

我国典型森林生态系统概况（以小兴安岭为例）

小兴安岭林区是我国森林生态系统的重要组成部分，是我国最大的林区之一，更是我国温带东北部森林生态系统的典型代表。森林是小兴安岭林区的地带性植被类型，占绝对优势，贯穿全区，其中蕴藏着丰富的植物多样性，因此本书以小兴安岭林区为典型范例开展森林生态系统植物多样性的相关研究具有十分重要的意义。

2.1 地理位置与行政区划

小兴安岭位于我国的最东北，黑龙江省的东北部。北部及东北部以黑龙江为界，与俄罗斯隔江相望，西北部大致以黑河市的爱辉区和嫩江市与大兴安岭相连，东部突入三江平原，东南部隔松花江谷地与张广才岭相望，西南部与广袤的嫩江平原相连。地理坐标为 45°50′N～51°10′N，125°20′E～131°20′E。南北长约450km，东西宽约210km。小兴安岭区域内的行政区包括：黑河市的爱辉区、五大连池市、北安市、嫩江市、孙吴县和逊克县，伊春市的伊春区、铁力市、嘉荫县、乌伊岭区、汤旺河区、新青区、红星区、五营区、上甘岭区、友好区、美溪区、翠峦区、乌马河区、西林区、金山屯区、南岔区和带岭区，绥化市的绥棱县、庆安县和海伦市的一部分，哈尔滨市的木兰县、通河县和依兰县的一部分，佳木斯市的汤原县，鹤岗市的萝北县。全区土地总面积1151.04万公顷，占黑龙江省土地总面积的25.3%[88]。

2.2 地质地貌

　　小兴安岭的山地，早在远古时期就已经形成陆地，在距今2亿～3亿年的古生代末期发生强烈的海西（华力西）运动中形成了褶皱带，后又受中生代的燕山运动和第三纪喜马拉雅造山运动的强烈影响，形成了小兴安岭地貌的基本轮廓，而后长期受外力作用，逐渐形成了现在的低山丘陵地貌为主要特征的基本构造格局。

　　小兴安岭山地的地质构造十分复杂，本区在地质构造上属新华夏构造体系第二巨型隆起带一级构造区东北端，处于兴安岭-内蒙古地槽褶皱区的伊春-延寿地槽褶皱系。嘉荫-铁力一线以西的山地地势较低，第三纪的松散砂砾岩、页岩及新生代玄武岩分布全区。此线以东由前古生代的结晶片岩、片麻岩和不同时代的花岗岩组成小兴安岭分水岭主体。中生代中酸性熔岩遍布整个地区。小兴安岭新构造运动缓慢上升，从第三纪夷平以后，除西北部微弱下沉外，其他部分均在间歇性升高。全区内平坦的山顶面多为第三纪的夷平面，其上有更新世沉积物的分布及古河道、干谷和阶地的遗迹。小兴安岭在升高的同时带有翘起运动，上升是不对称的，北侧上升的幅度比南侧的大，因此，地貌表现为山体北侧地势高，坡度大，河流短而急，且沿河普遍发育有三级阶地。南侧地势较低，坡度小，阶地不如北侧发育。小兴安岭在断裂上升的同时伴有火山活动，第三纪末至现在有过多次火山喷发，有许多玄武岩分布在全区。

　　小兴安岭山脉走向大致为西北-东南走向，山体海拔一般不高，多在500～800m，东南高、西北低，地貌表现出明显的成层性。山地多具浑圆的外貌，山坡较为平缓。小兴安岭大致以铁力-嘉荫一线为界，划分为小兴安岭东南低山和丘陵与小兴安岭西北部丘陵和熔岩台地两部分。东南部的山脉海拔在500～1000m左右，个别高峰超过1000m，最高峰达1429m。向西北则降为丘陵状台地，至孙吴与黑河一带，成为海拔300m左右的宽广台地，地势显著降低。

　　小兴安岭地处高纬度地区，气候寒冷，有岛状多年冻土分布。多年冻土多分布于河漫滩，呈岛状小块发布，厚度从数米至数十米。因此，本区融冻作用较强，除对山地进行融冻侵蚀作用外，还形成一些融冻泥流阶地，冻胀丘和广泛发布的融冻水缘细土，质地细腻，黏性大，透水性差，致沼泽广泛发育。

2.3 土壤

小兴安岭山地的地带性土壤以山地暗棕壤为主。棕色针叶林土一般以垂直地带性的形式出现，在北部则分布于海拔较低的兴安落叶松林下。在山间谷地、山间盆地及河谷阶地等地段分布着面积较广的白浆土、草甸土、沼泽土和泥炭土。土壤的垂直地带性分布明显，自山顶部向下的分布序列为亚高山草甸森林土-山地棕色针叶林土-暗棕壤。本区主要有以下 7 个土类：

① 亚高山草甸森林土：分布于海拔 1000m 以上的山脊，面积较小。此类土壤发育在以偃松或岳桦为主的矮曲林下，地表岩石上密被苔藓植物，是一种原始的石质亚高山草甸森林土。

② 山地棕色针叶林土：在小兴安岭由北至南主要分布于海拔 650～1000m 的山地云冷杉林带，在北坡则分布于平缓分水岭台地的兴安落叶松林下。该土类处于冷湿环境下，凋落物分解速度十分缓慢，林地枯落物层较厚。

③ 暗棕壤：小兴安岭分布面积最大的土类，分布于海拔 100～700m 的山地，发育在以红松为主的针阔叶混交林下，为本区的地带性土壤。成土母质以花岗岩、玄武岩、页岩和片岩的风化物为主，土壤透水性好，表层腐殖质含量高，具有较高的土壤肥力。

④ 白浆土：主要分布在本区的东部和南部，西部和北部较少。此类土壤仅分布于河谷阶地、熔岩台地、山间谷地、盆地等地形部位的黏土沉积物上，海拔高度最低 40～50m，最高 700～900m。母质黏重，并有季节性冻层，土壤水分常超饱和。在坡地上多为蒙古栎、山杨、黑桦等为主的阔叶林，林下草甸植物茂盛；在平缓地则是以丛桦或小叶章为主的群落。

⑤ 草甸土：多分布于河谷阶地、泛滥地及平缓坡地。成土母质主要为近代的淤积或洪积物。植物以中生草甸植物及部分沼泽化草甸植物为主，地下水位较高。此类土壤是受地下水位影响和草甸植被覆盖的影响而发育成的幼年土壤。土壤肥力较高，水分充沛，养分丰富。

⑥ 沼泽土：多以岛状形式散布于各阶地、泛滥地、山间盆地和分水岭洼地，

从平地至高山均有分布。这类土壤上的植被与水分的关系甚为密切，如地面经常积水为苔草群落，积水较浅则为小叶章、苔草群落，森林植被保护较好则为兴安落叶松林。土壤水分和营养元素均较丰富。

⑦ 泥炭土：分布于碟形或簸箕形的低洼沼泽地，面积较小，多发育在水分过饱和的沼泽植被下，地表密被泥炭藓。

2.4　水文

小兴安岭年平均降水量为 550～700mm 之间，从降水的季节分配来看，暖季（6～8 月）受海洋季风气候的影响温暖多雨，此间降水量占全年的 80%～90%，尤以 7、8 月为最多，集中程度相当高。暴雨天（≥50mm）多出现在 7、8 月，一般不超过一天。冷季（10 月～次年 4 月），南北各地初雪到终雪的日数虽长达 6～7 个月，但雪量很少，只占年降水量的 10%～20%。雪日平均约为 30～50d。境内的伊春、五营区雪最多，约 50～60d。最大积雪深度各地相差不大，多为 30～40cm。就大气相对湿度而言，平均相对湿度 65%～70%，夏季最高可达 80%～85%，其次冬季为 60%～70%。只有春季 4、5 月份，气温回升快，加上风大，降水有限，以致出现全国相对湿度的最低值，仅为 50%～60%。降水量虽不算太多，但由于蒸发量小，生长季短，降水十分集中，因此，相对来说水分资源较为充分。

小兴安岭境内河流分属于黑龙江和松花江水系。北坡流入黑龙江的主要河流有逊河、库尔滨河、乌云河和嘉荫河，流入嫩江再汇入松花江的主要河流有库化河、科洛河和讷谟尔河。东南坡直接汇入松花江的有汤旺河、呼兰河和梧桐河。

2.5　气候

小兴安岭地处欧亚大陆东缘，深受海洋暖湿气流和西伯利亚冷空气的双重影响，四季分明，气候湿润，具有明显的北温带大陆季风气候。冬季严寒、干燥而漫长；夏季温热而短暂；春季气温回升缓慢，多大风天，降水量小，易发生干旱；秋季短暂，降温急剧，多出现早霜。本区气候总特点为冬长夏短，夏季温热多雨，冬季严寒干燥，南、北坡气候差异较大。

本区因纬度较高，太阳辐射量较少。年平均气温仅在 -1～1℃之间，最热月（7月）平均气温在 20～22℃，极端最高气温可达 38℃，最冷月气温为 -28～-23℃，极端最低气温可达 -45℃。气温年较差大，约为 43～50℃，最大年较差可达 70～80℃之多。日平均气温$\geqslant 0$℃的时间为 180～200 天，$\geqslant 10$℃的有效积温在 1800～2300℃之间。南部地区的有效积温能满足植物对热量的需求，而北部地区的有效积温显得不足。无霜期介于 100～120 天之间。

本区各地全年日照时长南北相差不大，都在 2300～2600h 之间，平均相对日照为 50%～60%。春夏两季日照最长，每天平均有 7～8h。相对日照以冬春为最大，均超过 60%。各地平均风速均小于 4m/s，其中春季可达 3～5m/s，夏季一般小于 3m/s，年平均大风（$\geqslant 8$ 级）时间约为 10～15 天，多发生在 3～5 月份。

总体上，小兴安岭比较寒冷，植物生长期为 4～5 月，这一时期内，由于雨量充沛，热量充足，水热条件配合较好，极有利于植物的生长发育，因此本区植物种类和群落类型相对比较丰富[89]。

2.6 植被概况

小兴安岭水平地带性植被是以红松为建群种的针阔混交林——阔叶红松林。但是由于历史原因，针阔混交林在不同时期已遭到大面积采伐和破坏，形成各种次生林，并由破坏程度、持续时间及环境条件等分异形成了不同的演替系列。主要形成 3 个演替系列：中生系列、旱生系列和湿生系列（图 2-1）。中生系列经常是经过杂草、灌丛过渡，逐渐被白桦、山杨等强阳性树种侵入而形成次生森林植被[90]。若这些次生森林经过长期不再破坏或封山育林，随着次生林的不断演替更新，红松逐步进入主林层，又步入演替的顶级阶段，恢复至阔叶红松林。旱生系列是在次生裸地上逐渐形成由阔叶红松林伴生的阔叶树种萌发形成的阔叶混交林，当这些次生森林类型再多次遭受严重干扰或破坏后，造成水土流失和林地逐渐干燥化，在自然情况下，则很难恢复至原有红松及其他树种成分，而逐步向蒙古栎林发展。湿生系列发生于生境条件较为冷湿的地段，由次生裸地向落叶松、云冷杉混交群落发展（图2-1）。目前上述不同演替系列的各种次生植被在小兴安岭分布均极为广泛，据统计以小兴安岭为例，目前上述不同演替系列的次生林面积约占森林总面积的85%（伊春林业管理局2020年统计数据）。

根据植物区系分析，小兴安岭具有地理成分混杂的特点，以温带成分为主，兼有世界广布成分、泛热带成分、旧大陆热带成分、温带亚洲成分、东亚成分等，也有小兴安岭特有成分。依据《中国小兴安岭植被》，小兴安岭森林植被可划分为3个植被亚型（针阔混交林、针叶林和阔叶林），14个群系组，16个群系，65个群丛。

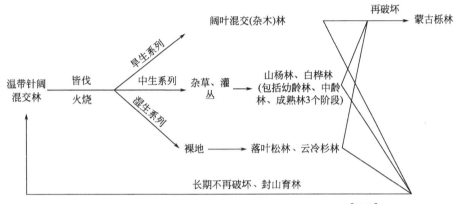

图2-1　温带阔叶红松林破坏后的典型次生演替图示[91,92]

2.7　森林资源和社会发展状况

明代末年至清代初年，小兴安岭林区人烟稀少，几乎没有形成固定的村屯和居民点，森林植被基本处于原生状态，90%以上的面积为茂密的原始森林所覆盖。清代中期，由于农业的发展，在小兴安岭周边地区逐渐有定居人口，并已形成少量的村屯，开垦农田、伐木造房和做薪炭材，此时森林植被受到了轻度的干扰和破坏。

1949年后，国家百废待兴，急需大量的木材，黑龙江省一直担负着沉重的商品木材生产任务（一直承担全国木材产量的45%～65%），而且大部分木材产于小兴安岭林区，特别是小兴安岭的红松林资源为我国的经济建设做出了巨大的贡献和牺牲。小兴安岭林区，从1949～1985年的36年间，就为国家生产木材3.28亿立方米；在著名的伊春林区，20世纪50年代红松林的面积和蓄积分别占总经营面积和蓄积的53.8%和74.3%，到90年代分别下降到5.8%和6.9%，现仅存于丰林、凉水等几个国家级自然保护区和少数林业和草原局的母树林中。超负荷的过量采伐和林区人口急剧增加的压力，加之森林保护措施不力、毁林开荒、森林火灾和森林病虫害等原因，导致每年森林资源消耗量约为生长量的2.0～2.5倍。

小兴安岭地区的森林资源，经过近一个世纪的破坏和集中开发，已达到了支离破碎的状态。到20世纪90年代，小兴安岭林区普遍出现了森林可采资源枯竭、生态环境恶化和林业企业经济危困的严重局面。

从2000年开始，国家在小兴安岭林区全面实施了天然林资源保护工程（伊春林区）和森林生态效益补偿基金制度（黑河林区和小兴安岭周边林区）。"天保工程"实施20多年来，坚持以保护和恢复森林资源为核心，以远封近分和林权制度改革为措施，以振兴林区经济和致富人民为目标的生态经济可持续发展战略。在保护和培育森林资源，增加森林面积和蓄积，缓解企业和社会负担及生态环境持续改善等方面发挥了十分重要的作用，实现了森林资源由过度消耗向恢复性增长的转变，生态状况由持续恶化向逐步好转的转变，林区经济由举步维艰向稳步复苏的转变。以伊春林区为例：通过二期"天保工程"的实施，伊春林区生态环境恶化的趋势得到遏制，实现了活立木蓄积和有林地面积的双增长。经过持续大幅度调减木材产量，由实施"天保工程"前的258万立方米，调减到2010年的146.5万立方米，2011年全面停止了主伐，累计减少木材产量1340.9万立方米。活立木蓄积由1998年的2.3亿立方米增加到2020年的3.43亿立方米；有林地面积由264万公顷增加到2020年的305万公顷；森林覆盖率由1998年的74.9%提高到2020年的87%。从2007年开始实现森林蓄积长大于消，年净增长500万立方米，折算成木材直接经济价值达200多亿元，是国家投资的2.2倍还要多。使森林得到了休养生息，历史性地实现了森林资源的恢复性增长。近年来，林产品加工业、绿色食品、北药开发、特色种养、森林旅游等替代产业快速发展，正在成为林区重要的经济增长点，初步实现了由"独木支撑"向"多业并举"，由"林业经济"向"林区经济"的转变。

3

森林生态系统植物多样性调查研究方法

3.1 资料收集

广泛收集国内外关于植物区系、植被分类、森林演替，以及和多样性相关的科研文献资料，并系统整理、提炼和总结已有的研究成果。

在研究区域进行实地调查，并收集研究区基础数据资料，主要包括：

①小兴安岭早期天然林植被调查资料；

②小兴安岭植被图、地形图和近年来的林相图；

③研究地区森林经营的历史资料、森林资源现状与科研文献报告；

④研究区域内森林经营情况，包括森林采伐、森林培育、森林多种经营资料等。

3.2 野外样地设置

野外样地设置包括样方布点原则与方法等内容。

（1）布点原则

根据植被特点和群落镶嵌特征，采用均匀布点与重点区域典型调查相结合的方法。样方布点遵守全面性（全面覆盖不同类型的群落，同一网格内的样方在设置时要尽量选择不同群落类型）、可行性（充分考虑交通、安全保障）、经济性（样品代表性最大化，并最大限度节约调查所需人力成本）、连续性（各调查区域应收集近代同类调查资料并尽可能照顾到原调查样地）等原则。

（2）网格划分方法

使用 ArcGIS 9.2 作为网格划分工具，并以各调查区域植被图为底图。每网格包含普遍调查样方 5 个，视具体情况，范围可延展为 3~7 个，即网格内无林地偏多时要减少样方数，调查网格为重点区域（标本采集薄弱区或植被类型相对复杂）时适当增加样方数，小兴安岭地区 $(20\times20)\mathrm{km}^2$（68 个）。

（3）样方布设方法

收集各网格内森林权属单位的基础资料（森林清查资料、小班台账、历史植被资料等），最终确定具体网格内的样点数和样点坐标，使用 GPS 采用北京 54 坐标系辅助寻找样点。

样点位置尽可能地设在网格的中心区域，除非必要，所有样点的位置与网格各边的距离不小于网格边长的 20%。

3.3　调查研究方法

调查分为详查和踏查两部分，详查面积为 $(30\times30)\mathrm{m}^2$，利用森林罗盘仪设定样方。样方设置时选择了林相整齐的群落、相对均一的坡面，回避人为和自然干扰产生的迹地和大型林窗。

样方详查包括样地基本情况调查、乔木、灌木、草本植物调查。

（1）乔木调查

首先利用网格法将样地均匀划分为 $(5\times5)\mathrm{m}^2$ 的小样方 36 个，对每个小样方内的乔木进行调查，调查项目包括树种、树高、胸径（<1cm 不测）、基径、物候期和生活力。

（2）灌木植物（含攀缘植物）调查

根据均匀性原则，在乔木调查的 36 个样方内选择 10 个 $(5\times5)\mathrm{m}^2$ 小样方（使用4m、每米标记的线绳圈定）进行灌木植物（含胸径＜1cm的乔木幼树、幼苗）调查（小样方设置方法见图3-1所示），调查项目包括植物名称、平均高、株（丛）数、多度、盖度、物候期和生活力。

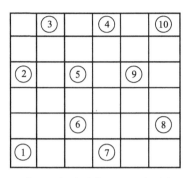

图 3-1 灌木植物种质资源调查小样方设置图

（3）草本植物调查

在灌木植物调查样方内，再随机设置（1×1）m^{2}小样方一个（总计10个，使用每米标记的线绳圈定，调查项目包括植物名称、平均高、多度、盖度、物候期和生活力。

3.4 生物多样性测度方法

3.4.1 重要值的测度方法

乔木层重要值计算公式如下：

重要值＝（相对胸高断面积＋相对多度＋相对频度）/300

灌丛层、草本层的重要值计算公式如下：

重要值＝（相对多度＋相对频度＋相对盖度）/300

3.4.2 α 多样性的测度方法

α多样性，指某个群落或生境内部的种的多样性，是由种间生态位的分异造成的。它是针对某一特定群落样本的物种多样性。α多样性通常包括：①物种丰富度指数；②物种多样性指数或生态多样性指数；③物种均匀度指数[93]。

（1）物种丰富度指数

物种丰富度的测定本文采用较为常用的 Margalef 指数，这类指数不需要考虑研究面积的大小，而是以一个群落中的种数和个体总数的关系为基础。

Margalef 指数：

$$D_{ma}=(S-1)/\ln N \tag{3-1}$$

式中　D_{ma}——Margalef 指数；

　　　S——物种数目；

　　　N——全部物种的个体总数。

（2）物种多样性指数

① Simpson 指数（优势度指数）：

$$D_{sim}=1-\sum_{i=1}^{S}P_i^2 \quad (i=1,2,\cdots,S) \tag{3-2}$$

② Shannon-Wiener 指数：

$$H'=-\sum_{i=1}^{S}P_i\ln P_i \quad (i=1,2,\cdots,S) \tag{3-3}$$

式中　D_{sim}——Simpson 指数；

　　　P_i——物种 i 的重要值比例；

　　　H'——Shannon-Wiener 指数。

（3）均匀度指数

$$J_{sw}=H'/\ln S \tag{3-4}$$

式中　J_{sw}——Pielou 均匀度指数；

　　　S——群落中所包含的物种数

　　　H'——Shannon-Wiener 指数。

3.4.3　内业分析与数据处理

在内业阶段，把所有调查到的植物名录、样地资料输入计算机，建立数据库，用《东北植物检索表》《中国小兴安岭植被》等工具书、专著进行核对、整理；应用统计分析软件（Excel、SPSS）、OriginPro 8 SR3 等对样地原始数据资料进行统计、分析、计算及作图。

小兴安岭种子植物区系组成与特征

植物区系是组成陆生植被生态系统的主体，对保持区域生态系统的平衡与稳定具有不可替代的作用。一个地区的植物区系是组成各种植被类型的基础，同时也是研究该地区自然历史条件特征和变迁的依据[94]。对某一地区植物区系的调查研究是研究该地区不同时空尺度上植物多样性的基础。本文对小兴安岭区域内的种子植物区系组成和特征作了比较深入的调查、分析和研究，可以揭示该区域植被的发生、发展和组成等特征，为植被的研究、保护和生物多样性资源的可持续利用奠定科学基础，并为小兴安岭的天然林经营、次生林和人工林的培育提供科学依据。

4.1　小兴安岭种子植物区系的基本组成

本文主要根据 3 年的小兴安岭森林植物种质资源专项调查的记录资料，并参考了以往有关小兴安岭植物区系组成的研究资料[92,95]，尤其是在周以良等的《中国小兴安岭植被》基础上进行调查分析研究。在 3 年的野外调查中，采集了大量的植物标本，并聘请植物分类专家进行了系统的物种分析鉴定。

按中国植物区系分区[96]，小兴安岭属东亚植物区，中国-日本森林植物亚区东北地区。经最终鉴定统计，小兴安岭区域共有种子植物 95 科 389 属 1037 种（含 80 个变种，25 个变型），详见表 4-1 和附录。分别占中国种子植物科、属、种数[97]的 27.70%、12.35% 和 3.39%，占黑龙江省种子植物科、属、种数[98]的

92.23%、64.09%和63.23%。其中裸子植物2科6属11种（含4个变种），分别占中国裸子植物科、属、种数的18.18%、14.29%和3.41%，占黑龙江省裸子植物科、属、种数的50.00%、75.00%和39.29%；被子植物93科383属1026种（含76个变种，25个变型），分别占中国被子植物科、属、种数的28.01%、12.32%和3.39%，占黑龙江省被子植物科、属、种数的93.94%、63.94%和63.65%。

表4-1 小兴安岭种子植物区系的基本组成

植物类群	科数	属数	种数（含变种、变型）	仅含1属的科	仅含1种的科
裸子植物	2	6	11	—	—
被子植物	(93)	(383)	(1026)	(43)	(23)
其中：双子叶植物	76	292	771	34	18
单子叶植物	17	91	255	9	5
合计	95	389	1037	43	23

在3年的小兴安岭森林植物种质资源专项调查中，新记录了1个变种和2个变型。在黑河市的爱辉区和嫩江市的北部（均与大兴安岭相邻），新记录了1个变种中国扁蕾（*Gentianopsis barbata* (Froel.) Ma var. *sinensis* Ma），本变种与原种扁蕾的主要区别是：叶披针形，长2～4cm，宽0.4～0.6cm。1个变型白花掌叶白头翁（*Pulsatilla patens* (L.) Mill. var. *multifida* (Pritz.) S. H. Li et Y. H. Huang f. *albiflora* X. F. Zhao ex Y. Z. Zhao），本变型与原变种掌叶白头翁的主要区别是：花白色，稍带蓝紫色，常与掌叶白头翁在同一生境条件下混生。在伊春市汤旺河区的石林国家森林公园内新记录了1个变型白花刺蔷薇（*Rosa acicularis* Lindl. f. *alba* Z. Wang et Q. L. Wang），本变型与原种刺蔷薇的主要区别为：花白色。

4.2 小兴安岭种子植物区系的多样性

分析研究小兴安岭地区种子植物区系在科、属水平上的多样性，可以反映出该地区种子植物种类、变异程度和进化水平上的多样性以及适应不同生态环境的生活型变化的多样性。

4.2.1 种子植物科的多样性

（1）科的组成分析

通过 3 年的调查资料统计，小兴安岭共有种子植物 95 科，由科的大、小排序（表 4-2）可知，小兴安岭地区具 100 个种以上的科只有菊科（Asteraceae）1 个科，含 46 属 125 种；51～100 个种的科也仅有禾本科（Gramineae）、莎草科（Cyperaceae）、毛茛科（Ranunculaceae）和蔷薇科（Rosaceae）4 个科，含 75 属 282 种；以上 5 个科共含 121 属 407 种，科数仅占本区总科数的 5.26%，而属数和种数却分别占本区总属数和总种数的 31.11% 和 39.25%，属世界性的大科。本区含 21～50 个种的科有 10 科，分别是百合科（Liliaceae）、豆科（Fabaceae）、唇形科（Lamiaceae）、伞形科（Apiaceae）、石竹科（Caryophyllaceae）、杨柳科（Salicaceae）、蓼科（Polygonaceae）、虎耳草科（Saxifragaceae）、兰科（Orchidaceae）和玄参科（Scrophulariaceae），共含 116 属 289 种，分别占全区总科、属、种数的 10.53%、29.82% 和 27.87%。上述含 20 个种以上的科共 15 科，含 237 属 696 种，其科、属、种数分别占全区科、属、种数的 15.79%、60.93% 和 67.12%，所含科的比例较小，而属和种的比例则较高，是小兴安岭地区种子植物区系的基本组成部分，除杨柳科和豆科、虎耳草科中的部分属为木本植物以外，其他科、属均为草本植物。

本区含 11～20 个种的科有十字花科（Brassicaceae）、堇菜科（Violaceae）、罂粟科（Papaveraceae）、桔梗科（Campanulaceae）、茜草科（Rubiaceae）、忍冬科（Caprifoliaceae）、桦木科（Betulaceae），共 7 科，含 32 属 102 种，分别占全区科、属、种数的 7.37%、8.23% 和 9.84%；含 6～10 个种的科有龙胆科（Gentianaceae）、藜科（Chenopodiaceae）、松科（Pinaceae）、报春花科（Primulaceae）、卫矛科（Celastraceae）等 15 科，含 44 属 114 种，分别占全区科、属、种数的 15.79%、11.31% 和 10.99%；含 2～5 个种的科有大戟科（Euphorbiaceae）、旋花科（Convolvulaceae）、槭树科（Aceraceae）、眼子菜科（Potamogetonaceae）、香蒲科（Typhaceae）等 35 科，含 53 属 102 种，分别占全区科、属、种数的 36.84%、13.62% 和 9.84%；仅含 1 个种的科有胡桃科（Juglandaceae）、壳斗科（Fagaceae）、檀香科（Santalaceae）、桑寄生科（Loranthaceae）、五味子科（Schisandraceae）等 23 科（23 属、23 种），分别占全区科、属、种数的 24.21%、5.91% 和 2.22%。以上统计表明，大多数科内所含种的数量较少，只有少数的科内所含种的数量较多，反映出本区种子植物区系的复杂性和多样性。

本区仅含 1 属的科有 43 个（表 4-1），占全区科数的 45.26％；仅含 1 种的科有 23 个，占全区科数的 24.21％；说明了本区种子植物相对贫乏，其分化程度也较低。

表 4-2　小兴安岭种子植物科的大、小排序

100 种以上的科（1 科）：

菊科 Asteraceae（46∶125）

含 51～100 种的科（4 科）：

禾本科 Gramineae（35∶78）莎草科 Cyperaceae（6∶71）毛茛科 Ranunculaceae（15∶70）蔷薇科 Rosaceae（19∶63）

含 21～50 种的科（10 科）：

百合科 Liliaceae（16∶44）豆科 Fabaceae（12∶31）唇形科 Lamiaceae（18∶29）伞形科 Apiaceae（16∶29）石竹科 Caryophyllaceae（12∶29）杨柳科 Salicaceae（3∶29）蓼科 Polygonaceae（2∶29）虎耳草科 Saxifragaceae（9∶24）兰科 Orchidaceae（17∶23）玄参科 Scrophulariaceae（11∶22）

含 11～20 种的科（7 科）：

十字花科 Brassicaceae（11∶17）堇菜科 Violaceae（1∶16）罂粟科 Papaveraceae（5∶15）桔梗科 Campanulaceae（5∶15）茜草科 Rubiaceae（3∶15）忍冬科 Caprifoliaceae（4∶13）桦木科 Betulaceae（3∶11）

含 6～10 种的科（15 科）：

龙胆科 Gentianaceae（4∶10）藜科 Chenopodiaceae（3∶10）松科 Pinaceae（4∶9）报春花科 Primulaceae（4∶9）卫矛科 Celastraceae（3∶8）柳叶菜科 Onagraceae（3∶8）鹿蹄草科 Pyrolaceae（3∶8）紫草科 Boraginaceae（4∶7）景天科 Crassulaceae（3∶7）牻牛儿苗科 Geraniaceae（2∶7）灯芯草科 Juncaceae（2∶7）杜鹃花科 Ericaceae（4∶6）荨麻科 Urticaceae（2∶6）败酱科 Valerianaceae（2∶6）鸢尾科 Iridaceae（1∶6）

含 2～5 种的科（35 科）：

大戟科 Euphorbiaceae（2∶5）旋花科 Convolvulaceae（2∶5）槭树科 Aceraceae（1∶5）眼子菜科 Potamogetonaceae（1∶5）香蒲科 Typhaceae（1∶5）金丝桃科 Hypericaceae（2∶4）萝藦科 Asclepiadaceae（2∶4）榆科 Ulmaceae（1∶4）鼠李科 Rhamnaceae（1∶4）椴树科 Tiliaceae（1∶4）黑三棱科 Sparganiaceae（1∶4）锦葵科 Malvaceae（3∶3）五加科 Araliaceae（2∶3）天南星科 Araceae（2∶3）列当科 Orobanchaceae（1∶3）车前科 Plantaginaceae（1∶3）柏科 Cupressaceae（2∶2）小檗科 Berberidaceae（2∶2）睡莲科 Nymphaeaceae（2∶2）马兜铃科 Aristolochiaceae（2∶2）芸香科 Rutaceae（2∶2）山茱萸科 Cornaceae（2∶2）木犀科 Oleaceae（2∶2）睡菜科 Menyanthaceae（2∶2）泽泻科 Alismataceae（2∶2）浮萍科 Lemnaceae（2∶2）苋科 Amaranthaceae（1∶2）防己科 Menispermaceae（1∶2）

芍药科 Paeoniaceae（1∶2）远志科 Polygalaceae（1∶2）花荵科 Polemoniaceae（1∶2）水马齿科 Callitrichaceae（1∶2）

狸藻科 Lentibulariaceae（1∶2）透骨草科 Phrymaceae（1∶2）川续断科 Dipsacaceae（1∶2）

仅含 1 种的科（23 科）：

胡桃科 Juglandaceae（1∶1）壳斗科 Fagaceae（1∶1）檀香科 Santalaceae（1∶1）桑寄生科 Loranthaceae（1∶1）

五味子科 Schisandraceae（1∶1）金鱼藻科 Ceratophyllaceae（1∶1）金粟兰科 Chloranthaceae（1∶1）猕猴桃科 Actinidiaceae（1∶1）

酢浆草科 Oxalidaceae（1∶1）凤仙花科 Balsaminaceae（1∶1）葡萄科 Vitaceae（1∶1）瑞香科 Thymelaeaceae（1∶1）

葫芦科 Cucurbitaceae（1∶1）千屈菜科 Lythraceae（1∶1）小二仙草科 Haloragidaceae（1∶1）杉叶藻科 Hippuridaceae（1∶1）

茄科 Solanaceae（1∶1）五福花科 Adoxaceae（1∶1）水麦冬科 Juncaginaceae（1∶1）茨藻科 Najadaceae（1∶1）

薯蓣科 Dioscoreaceae（1∶1）雨久花科 Pontederiaceae（1∶1）鸭跖草科 Commelinaceae（1∶1）

注：括号内的数字表示（属数∶种数）。

综上所述，小兴安岭种子植物具有集中于菊科、禾本科、莎草科、毛茛科、蔷薇科等一些世界性大科的特点，同时又有向本地区内含 1 种和 2～5 种的科分散的趋势，反映出小兴安岭种子植物大科少而小科较多的特点。说明了在第四纪冰期过后，有些科在本区残留的种、属不多。另一些较多种、属的科，在小兴安岭地区亦是分布的边缘，其分布的数量也较少。

（2）优势科的分析

本区种子植物以科内所含属数的多少排序的优势科（表 4-3）与以科内所含种数多少的大、小排序（表 4-2）存在一定的差别，科内属数较少的杨柳科和蓼科被属数较多的十字花科和罂粟科所取代，另外科的排列顺序亦有所变化。本区属、种数多且分布较广的 15 个优势科中，共含 248 属 670 种，分别占全区科、属、种数的 15.79%、63.75% 和 64.61%，显示出本区植物区系组成具有明显的优势化特点，也表明本区植物区系组成上的单调性，这种单调性与东北植物区系的单调性是相吻合的。在 15 个优势科中，除蔷薇科、豆科和虎耳草科中含有部分木本植物属以外，其他科均为草本植物科，是构成小兴安岭各种森林植被中的草本植物层及草甸、沼泽植被的优势种和主要伴生种。

菊科为世界大科之首，在小兴安岭种子植物优势科中菊科虽也居首位，但大多数种类只是各种森林群落和草甸、沼泽植被的伴生种或为林缘、路旁及村屯周围的散生种，一些种类亦有随人分布的现象；禾本科是较为进化的草本科，世界广布，在本区草甸植被中占有优势；莎草科在本区沼泽植被中占有优势。

表 4-3　小兴安岭种子植物优势科的排序

序号	科名	属数	占总属数/%	种数	占总种数/%
1	菊　科 Asteraceae	46	11.82	125	12.05
2	禾本科 Gramineae	35	9.00	78	7.52
3	蔷薇科 Rosaceae	19	4.88	63	6.07
4	唇形科 Lamiaceae	18	4.63	29	2.80
5	兰科 Orchidaceae	17	4.37	23	2.22
6	百合科 Liliaceae	16	4.11	44	4.24
7	伞形科 Apiaceae	16	4.11	29	2.80
8	毛茛科 Ranunculaceae	15	3.86	70	6.75
9	豆　科 Fabaceae	12	3.09	31	2.99
10	石竹科 Caryophyllaceae	12	3.09	29	2.80
11	玄参科 Scrophulariaceae	11	2.83	22	2.12
12	十字花科 Brassicaceae	11	2.83	17	1.64
13	虎耳草科 Saxifragaceae	9	2.31	24	2.31
14	莎草科 Cyperaceae	6	1.54	71	6.85
15	罂粟科 Papaveraceae	5	1.28	15	1.45
合　计		248	63.75	670	64.61

　　森林生态系统是小兴安岭植被的主体，对本区种子植物中优势木本植物科进行排序、分析，可反映出小兴安岭各森林群落中木本植物科、属、种的组成与特征。在小兴安岭 15 个木本植物优势科（表 4-4）中，共含有 46 属 144 种，分别占全区种子植物科、属、种数的 15.79％、11.83％和 13.90％。尽管木本植物优势科、属、种在全区种子植物中所占比例不大，但所含木本植物的种数已占全区木本植物种数的 90％以上，是组成小兴安岭各森林群落的优势树种、伴生树种和灌木层的主要种类。

　　蔷薇科是被子植物进化由初级到高级的过渡类型，科内既有草本又有木本植物，虽然居本区木本植物优势科之首，但均为森林群落中的伴生灌木或小乔木。松科在本区所含属、种的比例虽然很小（本区仅含 4 属 5 种 4 变种），但确为组成小兴安岭地带性森林植被的建群种，其他优势科均为森林群落的主要伴生树种或灌木层的主要成分。松属（*Pinus*）中的红松（*Pinus koraiensis* Sieb.）是小兴安岭南坡山地温带针阔叶混交林的建群种，落叶松属（*Larix*）中的兴安落叶松（*Larix gmelini*（Rupr.）Rupr.）则是小兴安岭北坡丘陵台地兴安落叶松林的建群种；主要伴生树种由松科中的云杉属（*Picea*）、冷杉属（*Abies*）、松属，杨柳科的杨属（*Populus*）、钻天柳（*Chosenia*）属和柳属（*Salix*）的部分种，桦木科的桦木属（*Betula*）、赤杨属（*Alnus*），蔷薇科和豆科的个别种，椴树科（Tiliaceae），槭树科，榆科，木犀科（Oleaceae），壳斗科，胡桃科和芸香科（Rutaceae）的个别种等科、属的种所组成；灌木层主要由桦木科的榛属（*Corylus*），杨柳科的柳属，蔷薇科的蔷薇属（*Rosa*）、樱属（*Prunus*）、山楂属（*Crataegus*）、苹果属（*Malus*）、悬钩子属（*Rubus*）、绣线菊属（*Spiraea*）和珍珠梅属（*Sorbaria*）等，虎耳草科的溲疏属（*Deutzia*）、山梅花属（*Philadelphus*）和茶藨属（*Ribes*），豆科的胡枝子属（*Lespedeza*），杜鹃花科（Ericaceae），忍冬科，卫矛科，五加科（Araliaceae），鼠李科（Rhamnaceae）等科、属的种所组成。

表 4-4　小兴安岭木本植物优势科的排序

序号	科名		属数	占总属数/%	种数	占总种数/%
1	蔷薇科	Rosaceae	11	2.83	31	2.99
2	忍冬科	Caprifoliaceae	4	1.03	13	1.25
3	松　科	Pinaceae	4	1.03	9	0.87
4	杜鹃花科	Ericaceae	4	1.03	6	0.58
5	杨柳科	Salicaceae	3	0.77	29	2.80
6	桦木科	Betulaceae	3	0.77	11	1.06
7	虎耳草科	Saxifragaceae	3	0.77	9	0.87
8	卫矛科	Celastraceae	3	0.77	8	0.77
9	豆　科	Fabaceae	3	0.77	6	0.58
10	五加科	Araliaceae	2	0.51	3	0.29
11	木犀科	Oleaceae	2	0.51	2	0.19
12	槭树科	Aceraceae	1	0.26	5	0.48
13	榆　科	Ulmaceae	1	0.26	4	0.39
14	鼠李科	Rhamnaceae	1	0.26	4	0.39
15	椴树科	Tiliaceae	1	0.26	4	0.39
合计			46	11.83	144	13.90

4.2.2　种子植物属的多样性

（1）属的组成分析

依据小兴安岭种子植物野外调查名录（附录 A）统计，本区共有种子植物 389 属。由属的大、小排序（表 4-5）可知，本区 >50 个种的属只有苔草属（*Carex*）1 属，含 51 种，分别占全区种子植物属、种数的 0.26% 和 4.92%；21～50 个种的属有柳属（*Salix*）、蓼属（*Polygonum*）、蒿属（*Artemisia*）3 属，含 69 种，分别占全区属、种数的 0.77% 和 6.65%；11～20 个种的属有委陵菜属

（*Potentilla*）、堇菜属（*Viola*）、乌头属（*Aconitum*）、风毛菊属（*Saussurea*）4属，含59种，分别占全区属、种数的1.03%和5.69%；6～10个种的属有葱属（*Allium*）、紫堇属（*Corydalis*）、藜属（*Chenopodium*）、桦木属（*Betula*）、酸模属（*Rumex*）等25属，含185种，分别占全区属、种数的6.43%和17.84%；2～5个种的属有石竹属（*Dianthus*）、繁缕属（*Stellaria*）、杨属（*Populus*）、榆属（*Ulmus*）、马兰属（*Kalimeris*）等158属，含475种，分别占全区属、种数的40.62%和45.81%；仅含1个种的属有冷杉属（*Abies*）、五味子属（*Schisandra*）、荷青花属（*Hylomecon*）、唢呐草属（*Mitella*）、舞鹤草属（*Maianthemum*）等198属（198种），分别占全区属、种数的50.90%和19.09%。以上分析表明，小兴安岭种子植物中少数的大属比较发达，含有较多的种；中、小属丰富，所含的种数相对较少，表明本区种子植物属呈现两极分化的特点。本区具有较多的寡种属（2～5种）和单种属，集中反映了种子植物多样性的丰富性和复杂性。

（2）优势属的分析

由表4-5可看出，在小兴安岭种子植物中，10种以上的属仅有8属（苔草属、柳属、蓼蓄属、蒿属、委陵菜属、堇菜属、乌头属、风毛菊属），含179种，属数仅占全区属数的2.06%，种数却占全区种数的17.26%。这8个大属，不仅在该区植被的组成中占据绝对优势，而且也在该区具有最丰富的物种多样性。

苔草属为世界分布，是我国第2大属，多在温带至寒温带的沼泽草甸中形成优势，在我国热带、亚热带林下也是常见种，该属在小兴安岭地区有50余种，是草甸和沼泽植被的绝对优势种。蓼蓄属为世界分布，常见的多为1年生草本植物，某些种适应寒冷干旱的环境而进化。柳属、蒿属、委陵菜属、风毛菊属等均为北温带的属，可明显反映出北温带成分在本区高度发达的特点。

表 4-5　小兴安岭种子植物属的大、小排序

>50 种的属(1 属 51)			
苔草属 *Carex*(51)			
21～50 种(3 属 69 种)			
柳属 *Salix*(24)	蓼蓄属 *Polygonum*(23)	蒿属 *Artemisia*(22)	
11～20 种的属(4 属 59 种)			
委陵菜属 *Potentilla*(16)	堇菜属 *Viola*(16)	乌头属 *Aconitum*(14)	风毛菊属 *Saussurea*(13)
6～10 种的属(25 属 185 种)			
葱属 *Allium*(10)	拉拉藤属 *Galium*(10)	唐松草属 *Thalictrum*(10)	毛茛属 *Ranunculus*(10)
早熟禾属 *Poa*(9)	紫堇属 *Corydalis*(9)	野豌豆属 *Vicia*(9)	马先蒿属 *Pedicularis*(8)
拂子茅属 *Calamagrostis*(8)	藜属 *Chenopodium*(8)	铁线莲属 *Clematis*(7)	薰草属 *Scirpus*(7)
沙参属 *Adenophora*(7)	桦木属 *Betula*(7)	酸模属 *Rumex*(6)	鸢尾属 *Iris*(6)

银莲花属 Anemone(6)	金腰属 Chrysosplenium(6)	蚊子草属 Filipendula(6)	绣线菊属 Spiraea(6)
蓟属 Cirsium(6)	老鹳草属 Geranium(6)	卫矛属 Euonymus(6)	忍冬属 Lonicera(6)
黄芩属 Scutellaria(6)			

2～5 种的属（158 属 475 种）

石竹属 Dianthus(5)	繁缕属 Stellaria(5)	白头翁属 Pulsatilla(5)	灯芯草属 Juncus(5)
茶藨子属 Ribes(5)	山楂属 Crataegus(5)	槭属 Acer(5)	香蒲属 Typha(5)
柴胡属 Bupleurum(5)	鹿蹄草属 Pyrola(5)	龙胆属 Gentiana(5)	百合属 Lilium(5)
眼子菜属 Potamogeton(5)	荸荠属 Eleocharis(5)	剪股颖属 Agrostis(5)	甜茅属 Glyceria(5)
黑三棱属 Sparganium(4)	藜芦属 Veratrum(4)	狗舌草属 Tephroseris(4)	旋覆花属 Inula(4)
茜草属 Rubia(4)	杨属 Populus(4)	云杉属 Picea(4)	蒲公英属 Taraxacum(4)
榆属 Ulmus(4)	荨麻属 Urtica(4)	蝇子草属 Silene(4)	黄精属 Polygonatum(4)
碎米荠属 Cardamine(4)	李属 Prunus(4)	蔷薇属 Rosa(4)	臭草属 Melica(4)
悬钩子属 Rubus(4)	地榆属 Sanguisorba(4)	黄耆属 Astragalus(4)	杓兰属 Cypripedium(4)
山黧豆属 Lathyrus(4)	胡枝子属 Lespedeza(4)	大戟属 Euphorbia(4)	莴苣属 Lactuca(4)
鼠李属 Rhamnus(4)	椴树属 Tilia(4)	露珠草属 Circaea(4)	萱草属 Hemerocallis(4)
附地菜属 Trigonotis(4)	接骨木属 Sambucus(4)	缬草属 Valeriana(4)	羊茅属 Festuca(4)
蓍属 Achillea(4)	蟹甲草属 Parasenecio(4)	打碗花属 Calystegia(4)	羊胡子草属 Eriophorum(4)
苦荬菜属 Ixeris(4)	松属 Pinus(3)	叉枝蝇子草属 Melandrium(3)	孩儿参属 Pseudostellaria(3)
耧斗菜属 Aquilegia(3)	驴蹄草属 Caltha(3)	马兰属 Kalimeris(3)	升麻属 Cimicifuga(3)
金丝桃属 Hepericum(3)	罂粟属 Papaver(3)	八宝属 Hylotelephium(3)	紫菀属 Aster(3)
溲疏属 Deutzia(3)	虎耳草属 Saxifraga(3)	柳叶菜属 Epilobium(3)	橐吾属 Ligularia(3)
当归属 Angelica(3)	石防风属 Peucedanum(3)	珍珠菜属 Lysimachia(3)	苦苣菜属 Sonchus(3)
报春花属 Primula(3)	鹅绒藤属 Cynanchum(3)	益母草属 Leonurus(3)	看麦娘属 Alopecurus(3)
婆婆纳属 Veronica(3)	列当属 Orobanche(3)	车前属 Plantago(3)	伪泥胡菜属 Serratula(3)
风铃草属 Campanula(3)	党参属 Codonopsis(3)	贝母属 Fritillaria(3)	鹿药属 Smilacina(3)
菊属 Chrysanthemum(3)	飞蓬属 Erigeron(3)	千里光属 Senecio(3)	莎草属 Cyperus(3)
披碱草属 Elymus(3)	异燕麦属 Helictotrichon(3)	榛属 Corylus(2)	冷水花属 Pilea(2)
卷耳属 Cerastium(2)	剪秋萝属 Lychnis(2)	苋属 Amaranthus(2)	桤木属 Alnus(2)
类叶升麻属 Actaea(2)	翠雀属 Delphinium(2)	金莲花属 Trollius(2)	败酱属 Patrinia(2)
蝙蝠葛属 Menispermum(2)	芍药属 Paeonia(2)	糖芥属 Erysimum(2)	鼠曲草属 Gnaphalium(2)
独行菜属 Lepidium(2)	蔊菜属 Rorippa(2)	瓦松属 Orostachys(2)	顶冰花属 Gagea(2)
景天属 Sedum(2)	落新妇属 Astilbe(2)	山梅花属 Philadelphus(2)	兜被兰属 Neottianthe(2)
水杨梅属 Geum(2)	苹果属 Malus(2)	花楸属 Sorbus(2)	狗尾草属 Setaria(2)
苜蓿属 Medicago(2)	草木犀属 Melilotus(2)	远志属 Polygala(2)	芨芨草属 Achnatherum(2)
五加属 Eleutherococcus(2)	毒芹属 Cicuta(2)	牛防风属 Heracleum(2)	茅香属 Hierochloe(2)
山芹属 Ostericum(2)	茴芹属 Pimpinella(2)	变豆菜属 Sanicula(2)	红门兰属 Orchis(2)
单侧花属 Orthilia(2)	杜香属 Ledum(2)	越橘属 Vaccinium(2)	三毛草属 Trisetum(2)

点地梅属 Androsace(2)	扁蕾属 Gentianopsis(2)	獐牙菜属 Swertia(2)	地杨梅属 Luzula(2)
花荵属 Polemonium(2)	水马齿属 Callitriche(2)	薄荷属 Mentha(2)	龙常草属 Diarrhena(2)
香茶菜属 Plectranthus(2)	水苏属 Stachys(2)	百里香属 Thymus(2)	重楼属 Paris(2)
小米草属 Euphrasia(2)	腹水草属 Veronicastrum(2)	狸藻属 Utricularia(2)	天南星属 Arisaema(2)
透骨草属 Phryma(2)	荚蒾属 Viburnum(2)	蓝盆花属 Scabiosa(2)	鹅观草属 Roegneria(2)
鬼针草属 Bidens(2)	山柳菊属 Hieracium(2)	雀麦属 Bromus(2)	大麦属 Hordeum(2)
鸦葱属 Scorzonera(2)	舌唇兰属 Platanthera(2)		

仅有 1 种的属(198 属 198 种)

冷杉属 Abies(1)	落叶松属 Larix(1)	珍珠梅属 Sorbaria(1)	侧金盏花属 Adonis(1)
刺柏属 Juniperus(1)	胡桃属 Juglans(1)	钻天柳属 Chosenia(1)	小檗属 Berberis(1)
栎属 Quercus(1)	百蕊草属 Thesium(1)	槲寄生属 Viscum(1)	睡莲属 Nymphaea(1)
麦仙翁属 Agrostemma(1)	鹅不食属 Arenaria(1)	山漆姑属 Minuartia(1)	马兜铃属 Aristolochia(1)
种阜草属 Moehringia(1)	鹅肠菜属 Myosoton(1)	地肤属 Kochia(1)	地耳草属 Triadenum(1)
碱猪毛菜属 Salsola(1)	五味子属 Schisandra(1)	大蒜芥属 Sisymbrium(1)	荷青花属 Hylomecon(1)
拟扁果草属 Enemion(1)	菟葵属 Eranthis(1)	梅花草属 Parnassia(1)	荠属 Capsella(1)
红毛七属 Caulophyllum(1)	萍蓬草属 Nuphar(1)	龙牙草属 Agrimonia(1)	葶苈属 Draba(1)
金鱼藻属 Ceratophyllum(1)	金粟兰属 Chloranthus(1)	沼委陵菜属 Comarum(1)	唢呐草属 Mitella(1)
细辛属 Asarum(1)	猕猴桃属 Actinidia(1)	梨属 Pyrus(1)	龙牙草属 Agrimonia(1)
合瓣花属 Adlumia(1)	白屈菜属 Chelidonium(1)	鸡眼草属 Kummerowia(1)	地蔷薇属 Chamaerhodos(1)
南芥属 Arabis(1)	山芥属 Barbarea(1)	车轴草属 Trifolium(1)	扁核木属 Prinsepia(1)
花旗杆属 Dontostemon(1)	牻牛苗儿属 Erodium(1)	缺斧木属 Securinega(1)	大豆属 Glycine(1)
菥蓂属 Thlaspi(1)	黄檗属 Phellodendron(1)	凤仙花属 Impatiens(1)	槐属 Sophora(1)
扯根菜属 Penthorum(1)	雷公藤属 Tripterygium(1)	葡萄属 Vitis(1)	白鲜属 Dictamuns(1)
假升麻属 Aruncus(1)	木槿属 Hibiscus(1)	锦葵属 Malva(1)	南蛇藤属 Celastrus(1)
草莓属 Fragaria(1)	盒子草属 Actinostemma(1)	千屈菜属 Lythrum(1)	苘麻属 Abutilon(1)
两型豆属 Amphicarpaea(1)	狐尾藻属 Myriophyllum(1)	杉叶藻属 Hippuris(1)	狼毒属 Stellera(1)
马鞍树属 Maackia(1)	楝木属 Cornus(1)	楤木属 Aralia(1)	柳兰属 Chamaenerion(1)
酢浆草属 Oxalis(1)	羊角芹属 Aegopodium(1)	柳叶芹属 Czernaevia(1)	香芹属 Libanotis(1)
山茱萸属 Cornus(1)	原沼兰属 Malaxis(1)	玉凤花属 Habenaria(1)	赖草属 Leymus(1)
水芹属 Oenanthe(1)	防风属 Saposhnikovia(1)	泽芹属 Sium(1)	蔄草属 Phalaris(1)
高山芹属 Coelopleurum(1)	葛缕子属 Carum(1)	独丽花属 Moneses(1)	裂稃茅属 Schizachne(1)
地桂属 Chamaedaphne(1)	杜鹃花属 Rhododendron(1)	七瓣莲属 Trientalis(1)	草沙蚕属 Tripogon(1)
梣属 Fraxinus(1)	丁香属 Syringa(1)	花锚属 Halenia(1)	浮萍属 Lemna(1)
睡菜属 Menyanthes(1)	莕菜属 Nymphoides(1)	萝藦属 Metaplexis(1)	凹舌兰属 Coeloglossum(1)
车叶草属 Asperula(1)	菟丝子属 Cuscuta(1)	山茄子属 Brachybotrys(1)	手参属 Gymnadenia(1)
紫草属 Lithospermum(1)	勿忘草属 Myosotis(1)	筋骨草属 Ajuga(1)	朱兰属 Pogonia(1)
水棘针属 Amethystea(1)	风轮菜属 Clinopodium(1)	青兰属 Dracocephalum(1)	对叶兰属 Listera(1)

香薷属 Elsholtzia（1）	鼬瓣花属 Galeopsis（1）	活血丹属 Glechoma（1）	角盘兰属 Herminium（1）
夏至草属 Lagopsis（1）	野芝麻属 Lamium（1）	狗娃花属 Heteropappus（1）	地瓜苗属 Lycopus（1）
夏枯草属 Prunella（1）	荆芥属 Nepeta（1）	毛连菜属 Picris（1）	茄属 Solanum（1）
火焰草属 Castilleja（1）	水茫草属 Limosella（1）	山牛蒡属 Synurus（1）	柳穿鱼属 Linaria（1）
山罗花属 Melampyrum（1）	疗齿草属 Odontites（1）	碱菀属 Tripolium（1）	松蒿属 Phtheirospermum（1）
阴行草属 Siphonostegia（1）	北极花属 Linnaea（1）	泽泻属 Alisma（1）	五福花属 Adoxa（1）
半边莲属 Lobelia（1）	桔梗属 Platycodon（1）	茨藻属 Najas（1）	猫儿菊属 Hypochaeris（1）
和尚菜属 Adenocaulon（1）	亚菊属 Ajania（1）	七筋姑属 Clintonia（1）	牛蒡属 Arctium（1）
苍术属 Atractylodes（1）	飞廉属 Carduus（1）	舞鹤草属 Maianthemum（1）	金挖耳属 Carpesium（1）
还阳参属 Crepis（1）	东风菜属 Doellingeria（1）	雨久花属 Monochoria（1）	线叶菊属 Filifolium（1）
乳菀属 Galatella（1）	泥胡菜属 Hemisteptia（1）	虎尾草属 Chloris（1）	万寿竹属 Disporum（1）
大丁草属 Leibnitzia（1）	火绒草属 Leontopodium（1）	稗属 Echinochloa（1）	薯蓣属 Dioscorea（1）
一枝黄花属 Solidago（1）	兔儿伞属 Syneilesis（1）	水芋属 Calla（1）	菵草属 Beckmannia（1）
菊蒿属 Tanacetum（1）	三肋果属 Tripleurospermum（1）	扁莎属 Pycreus（1）	马唐属 Digitaria（1）
女菀属 Turczaninowia（1）	苍耳属 Xanthium（1）	斑叶兰属 Goodyera（1）	画眉草属 Eragrostis（1）
慈姑属 Sagittaria（1）	水麦冬属 Triglochin（1）	绶草属 Spiranthes（1）	芒属 Miscanthus（1）
知母属 Anemarrhena（1）	天门冬属 Asparagus（1）	沼生属 Malaxis（1）	碱茅属 Puccinellia（1）
铃兰属 Convallaria（1）	紫萍属 Spirodela（1）	芦苇属 Phragmites（1）	针茅属 Stipa（1）
棋盘花属 Anticlea（1）	虎舌兰属 Epipogium（1）	大油芒属 Spodiopogon（1）	偃麦草属 Elytrigia（1）
鸭跖草属 Commelina（1）	蜻蜓兰属 Tulotis（1）	菰属 Zizania（1）	粟草属 Milium（1）
单蕊草属 Cinna（1）	鸟巢兰属 Neottia（1）		

注：括号中的数字表示种数。

4.3　种子植物的分布区类型

4.3.1　科的分布区类型

根据世界种子植物科的分布区类型系统[99]，小兴安岭种子植物科的分布区类型共有 7 个（表 4-6），其中包括世界分布（50.53%）、北温带分布（23.16%）、泛热带分布（21.05%）、东亚和北美间断分布（2.11%）、旧世界温带分布

（1.05％）、东亚（热带、亚热带）及热带南美间断分布（1.05％）和东亚分布（1.05％）类型。世界分布、北温带分布和泛热带分布这三个分布区类型占小兴安岭种子植物所有分布区类型的94.74％，其余四种分布区类型仅占了5.26％。其中，世界分布的有48个科，包含了大部分在该区分布的大科，如菊科、禾本科、莎草科、毛茛科、蔷薇科、蓼科、石竹科、伞形科、唇形科、豆科、玄参科等；还包含了很多主要为水生植物科，如泽泻科（Alismataceae）、水马齿科（Callitrichaceae）、浮萍科（Lemnaceae）、狸藻科（Lentibulariaceae）、茨藻科（Najadaceae）、睡莲科（Nymphaeaceae）和香蒲科（Typhaceae）等；另外还包括了一些主要为林缘、路边杂草的科，如苋科（Amaranthaceae）、藜科（Chenopodiaceae）和车前科（Plantaginaceae）。北温带分布的有22个科，主要有百合科（Liliaceae）、罂粟科（Papaveraceae）、牻牛儿苗科（Geraniaceae）、五福花科（Adoxaceae）、金丝桃科（Hypericaceae）、列当科（Orobanchaceae）、芍药科（Paeoniaceae）、花荵科（Polemoniaceae）、鹿蹄草科（Pyrolaceae）、黑三棱科（Sparganiaceae）、忍冬科（Caprifoliaceae）、山茱萸科（Cornaceae）、小檗科（Berberidaceae）、松科（Pinaceae）、杨柳科（Salicaceae）、桦木科（Betulaceae）、槭树科（Aceraceae）、胡桃科（Juglandaceae）、壳斗科（Fagaceae）、柏科（Cupressaceae）等，其中的木本植物科为构成该区主要森林植被的建群树种、伴生树种和林下灌木。泛热带分布的有20个科，其近代分布中心主要在热带、亚热带，分布到小兴安岭地区的只是一些北延分布至温带的科，如芸香科（Rutaceae）、卫矛科（Celastraceae）、鸢尾科（Iridaceae）、大戟科（Euphorbiaceae）等。另外其中还包括一些木本植物的科，并且在小兴安岭很具有代表性，如椴树科等；还包括1个木质藤本科为葡萄科（Vitaceae），2个草质藤本科为葫芦科（Cucurbitaceae）和薯蓣科（Dioscoreaceae）。草本植物科主要有天南星科（Araceae）、马兜铃科（Aristolochiaceae）、萝藦科（Asclepiadaceae）、凤仙花科（Balsaminaceae）、金粟兰科（Chloranthaceae）、鸭跖草科（Commelinaceae）、锦葵科（Malvaceae）、防己科（Menispermaceae）、雨久花科（Pontederiaceae）、荨麻科（Urticaceae）、桑寄生科（Loranthaceae）。东亚和北美间断分布的有2科，分别为五味子科（Schisandraceae）和透骨草科（Phrymaceae）。东亚（热带、亚热带）及热带南美间断分布的1科，为五加科（Araliaceae）。旧世界温带分布的1科，为川续断科（Dipsacaceae）。东亚分布的1科，为猕猴桃科（Actinidiaceae）。

由上述可知，科级成分中温带性质较强，反映出该区起源的温带渊源性。此外，木本植物较丰富，其中不乏古老类型，如松科、槭树科、壳斗科、卫矛科等，说明了本区的种子植物区系具有一定的原始和古老性。

表 4-6　小兴安岭种子植物科、属的分布区类型

分布区类型	科数/个	占总科数的百分比/%	属数/个	占总属数的百分比/%
世界分布	48	50.53	66	16.97
泛热带分布	20	21.05	18	4.63
旧世界热带分布	—	—	6	1.54
热带亚洲和大洋洲间断分布	—	—	1	0.26
热带亚洲至热带非洲分布	—	—	2	0.51
热带亚洲（印度-马来西亚）分布	—	—	3	0.77
东亚（热带、亚热带）及热带南美间断分布	1	1.05	—	—
北温带分布	22	23.16	174	44.73
东亚和北美间断分布	2	2.11	28	7.20
旧世界温带分布	1	1.05	49	12.60
温带亚洲分布	—	—	17	4.37
地中海区、西亚至中亚分布	—	—	4	1.02
中亚分布	—	—	1	0.26
东亚分布	1	1.05	19	4.88
中国特有分布	—	—	1	0.26
合计	95	100.00	389	100.00

4.3.2　属的分布区类型

依据中国种子植物属分布区类型划分方案[96,100]，本区种子植物（共 389 属）归属于 14 个分布区类型（见表 4-6）。世界分布的有 66 属，占总属数的 16.97%。主要包括本区的大属，苔草属（*Carex*）、蓼属（*Polygonum*）、堇菜属（*Viola*）、银莲花属（*Anemone*）、藜属（*Chenopodium*）、铁线莲属（*Clematis*）、拉拉藤属（*Galium*）、老鹳草属（*Geranium*）、早熟禾属（*Poa*）、毛茛属（*Ranunculus*）、酸模属（*Rumex*）、藨草属（*Scirpus*）、黄芩属（*Scutellaria*）等。热带性质的属有 30 属，占 7.71%。其中泛热带分布型 18 属，占 4.63%，主要为卫矛属（*Euonymus*）、凤仙花属（*Impatiens*）、鸭跖草属（*Commelina*）、薯蓣属（*Dioscorea*）、大戟属（*Euphorbia*）、金粟兰属（*Chloranthus*）、菟丝子属（*Cuscuta*）、马兜铃属（*Aristolochia*）和打碗花属（*Calystegia*）等，这些泛热带成分所占比例虽小，并且在植被组成上不起重要作用，但能说明地处北温带植物区的小兴安岭，具有源自热带的蜕变痕迹；其次是旧世界热带分布型 6 属，占

1.54%，为天门冬属（*Asparagus*）、虎舌兰属（*Epipogium*）、雨久花属（*Monochoria*）、香茶菜属（*Plectranthus*）、槲寄生属（*Viscum*）和白蕊草属（*Thesium*）；热带亚洲（印度-马来西亚）分布型 3 属，分别为斑叶兰属（*Goodyera*）、苦荬菜属（*Ixeris*）和万寿竹属（*Disporum*）；热带亚洲至热带非洲分布型 2 属，占 0.51%，分别为芒属（*Miscanthus*）和草沙蚕属（*Tripogon*）；热带亚洲和大洋洲间断分布型 1 属，占 0.26%，仅为大豆属（*Glycine*）。温带性质的属有 293 属，占 75.32%。其中北温带分布类型在本区占优势，共 174 属，约占 44.73%，如松属（*Pinus*）、冷杉属（*Abies*）、落叶松属（*Larix*）、云杉属（*Picea*）、杨属（*Populus*）、柳属（*Salix*）、槭属（*Acer*）、桦木属（*Betula*）、桤木属（*Alnus*）、栎属（*Quercus*）、胡桃属（*Juglans*）、梣属（*Fraxinus*）、花楸属（*Sorbus*）、椴树属（*Tilia*）、榆属（*Ulmus*）等乔木属，是本区森林植被的建群种或重要成分；灌木主要有小檗属（*Berberies*）、梾木属（*Cornus*）、榛属（*Corylus*）、山楂属（*Crataegus*）、忍冬属（*Lonicera*）、荚蒾属（*Viburnum*）、杜鹃花属（*Rhododendron*）、茶藨子属（*Ribes*）、蔷薇属（*Rosa*）、绣线菊属（*Spiraea*）、地桂属（*Chamaedaphne*）、杜香属（*Ledum*）、接骨木属（*Sambucus*）、越橘属（*Vaccinium*）等，这些属是本区灌丛或林下灌木层的重要组成成分；草本主要有乌头属（*Aconitum*）、耧斗菜属（*Aquilegia*）、升麻属（*Cimicifuga*）、金莲花属（*Trollius*）、紫堇属（*Corydalis*）、薄荷属（*Mentha*）、龙牙草属（*Agrimonia*）、地榆属（*Sanguisorba*）、鹿蹄草属（*Pyrola*）、鸢尾属（*Iris*）等，这些属大多是林下或草甸的优势植物或重要成分，其北温带成分一般是热带起源，在该区植被组成上起重要作用。旧世界温带分布有 49 属，约占 12.60%。除了丁香属（*Syringa*）和梨属（*Pyrus*）为木本外，绝大多数是草本，如沙参属（*Adenophora*）、石竹属（*Dianthus*）、旋覆花属（*Inula*）、橐吾属（*Ligularia*）、顶冰花属（*Gagea*）、萱草属（*Hemerocallis*）、重楼属（*Paris*）、侧金盏花属（*Adonis*）、菟葵属（*Eranthis*）等。旧世界温带成分起源于古地中海沿岸地区，部分起源则与整个北温带成分一样，大多在本区植被组成上不起重要作用，但却是常见的伴生种。东亚和北美洲间断分布型共 28 属，占 7.20%，如五味子属（*Schisandra*）、透骨草属（*Phryma*）、楤木属（*Aralia*）、胡枝子属（*Lespedeza*）、珍珠梅属（*Sorbaria*）等，这些属在植被组成上成为重要伴生种，起标志作用，也说明该区植物区系与北美洲有一定联系。东亚分布型有 19 属，占 4.88%，如五加属（*Eleutherococcus*）、猕猴桃属（*Actinidia*）、党参属（*Codonopsis*）、桔梗属（*Platycodon*）、黄檗属（*Phellodendron*）、东风菜属（*Doellingeria*）、狗娃花属（*Heteropappus*）、败酱属（*Patrinia*）、扁核木属（*Prinsepia*）、兔儿伞属（*Syneilesis*）、苍术属（*Atractylodes*）和荷青花属

（*Hylomecon*）等，东亚成分多古老型，属第三纪起源。温带亚洲分布有 17 属，占 4.37%，乔木只有钻天柳属（*Chosenia*），草本为柳叶芹属（*Czernaevia*）、山茄子属（*Brachybotrys*）、马兰属（*Kalimeris*）、山牛蒡属（*Synurus*）、瓦松属（*Orostachys*）、防风属（*Saposhnikovia*）、狼毒属（*Stellera*）、附地菜属（*Trigonotis*）和女菀属（*Turczaninowia*）等。地中海区、西亚至中亚分布型有 4 属，占 1.02%，包括糖芥属（*Erysimum*）、疗齿草属（*Odontites*）、车叶草属（*Asperula*）和牻牛苗儿属（*Erodium*）。中亚分布型 1 属，占 0.26%，仅为花旗杆属（*Dontostemon*）。中国特有分布亦为 1 属，占 0.26%，为知母属（*Anemarrhena*）。

综上所述，本区属的种类比较丰富，地理成分较复杂。属级地理成分主要以北温带植物区系成分为主，并混有亚热带、热带植物区系成分。

在《中国小兴安岭植被》[92]中记录小兴安岭有维管束植物 122 科 436 属 1049 种，其中蕨类植物 46 种，种子植物 1003 种；在《小兴安岭植物区系与分布》[95]中记录有种子植物 98 科 410 属 967 种 1 亚种 108 变种 23 变型。本项研究根据 3 年的小兴安岭森林植物种质资源专项调查资料，共记录小兴安岭区域种子植物 95 科 389 属 932 种 80 变种 25 变型，种子植物科、属、种数均少于上述 2 部专著的研究结果，分析其原因主要有以下两个方面：一是前两项研究均为近 40～50 多年来小兴安岭植物区系与组成研究的总结成果，而本项研究只是近 3 年小兴安岭植物区系与组成的调查研究成果；二是近几十年来小兴安岭森林资源的大强度开发，生态环境受到较严重的破坏，致使珍稀濒危植物的种群数量迅速减少，有的濒危物种已基本灭绝，如五加科的人参（*Panax ginseng* C. A. Mey.），在我们所调查的 16632 个样方中均未出现。

在 3 年的小兴安岭森林植物种质资源专项调查中，新记录了 1 个变种（中国扁蕾）和 2 个变型（白花掌叶白头翁和白花刺蔷薇）。

小兴安岭森林生态系统植物多样性

为了对小兴安岭森林不同群落类型物种多样性进行了解,对所调查的 16632 个样方进行分类统计,其中包括 10692 个乔木样方、2970 个灌木样方和 2970 个草本样方。选择了具有典型代表性的 5 种群落类型(原始阔叶红松林、天然白桦、山杨次生林、落叶松林和蒙古栎次生林),进行物种丰富度、多样性指数的较细致研究。

α 多样性指某个群落或生境内部的种的多样性,是由种间生态位的分异造成的。它是针对某一特定群落样本的物种多样性。α 多样性通常包括:①物种丰富度指数;②物种多样性指数或生态多样性指数;③物种均匀度指数[93]。本研究经过 3 年的野外调查,在小兴安岭林区森林共调查了 297 个群落,包括原始阔叶红松林、天然次生林和人工林。对这些群落的乔木层、灌木层和草本层进行了分别调查。分析了各群落的 α 多样性参数。

5.1 小兴安岭森林群落植物物种丰富度

物种丰富度是指单位面积内的物种数目,是最简单实用的物种多样性测量方法。本项研究分别采用物种数和丰富度指数进行分析。

5.1.1 各大类群物种丰富度特征

本项研究对小兴安岭森林 10 大类群共 297 个群落进行了物种丰富度调查,结果表明，各大类型乔木层种类平均在 5.37～10.33 之间（表 5-1），依据不同具体群落，最少为 1 种，最多达 19 种；灌木层种类平均为 3.56～9.68 种，个别人工林群落灌木树种为 0，最多为 15 种；草本层种类平均为 17.83～25.91 种，最多为 52 种，最少仅有 3 种。

乔木层中，中生阔叶混交林类的物种丰富度最高，平均为 10.33 种，最高达到 19 种。其次为阔叶红松林，平均达到 8.91 种。此外云冷杉林、针阔混交次生林平均也达到 8 种以上。蒙古栎次生林的物种丰富度最低，平均为 5.37 种，最少仅 3 种。10 大类森林类型乔木层的物种丰富度依次为：中生阔叶混交林＞湿生阔叶混交林＞阔叶红松林＞针阔混交林＞云冷杉林＞旱生阔叶混交林＞白桦、山杨次生林＞落叶松林＞人工林＞蒙古栎次生林。

灌木层中，阔叶红松林的物种丰富度最高，平均为 9.68 种，其次是云冷杉林和针阔混交次生林，平均分别为 8.90 种和 8.39 种。丰富度较低的有蒙古栎次生林、毛赤杨次生林和 5 种人工林（红松人工林、樟子松人工林、云杉幼龄人工林、水曲柳人工林和山杨人工林），平均都在 4 种以下。丰富度最低的是山杨人工林，平均只有 1.5 种。10 大类森林类型灌木层的物种丰富度依次为：阔叶红松林＞云冷杉林＞针阔混交林＞白桦、山杨次生林＞湿生阔叶混交林＞落叶松林＞中生阔叶混交林＞旱生阔叶混交林＞人工林＞蒙古栎次生林。

草本层中，落叶松人工林的物种丰富度最高，平均为 27.03 种，其次为樟子松人工林和针阔混交林，平均也高达 25 种。丰富度最低的为中生阔叶混交林，平均为 17.83 种。10 大类森林类型草本层的物种丰富度依次为：旱生阔叶混交林＞针阔混交林＞落叶松林＞蒙古栎次生林＞白桦、山杨次生林＞人工林＞云冷杉林＞阔叶红松林＞湿生阔叶混交林＞中生阔叶混交林（表 5-1）。

上述群落样地的总丰富度平均为 33～43 种，其中阔叶红松林、云冷杉林、针阔混交林（次生）、旱生阔叶混交林及水曲柳人工林的物种丰富度均较高，平均在 38 种以上。依据不同群落类型，丰富度最高为 82 种（湿生阔叶混交林），最低为 35 种（山杨人工林）。10 大类森林类型总物种丰富度依次为：针阔混交林＞阔叶红松林＞云冷杉林＞旱生阔叶混交林＞白桦、山杨次生林＞落叶松林＞湿生阔叶混交林＞人工林＞中生阔叶混交林＞蒙古栎次生林（表 5-1）。

表 5-1　小兴安岭森林 10 大类群落类型物种丰富度（分乔、灌、草统计）

编号	群落类型	调查群落数	乔木层	灌木层	草本层	总丰富度
1	阔叶红松林	22	8.91(13,4)	9.68(14,4)	21.14(34,9)	39.73
2	云冷杉林	11	8.40(11,6)	8.90(14,4)	22.20(33.13)	39.50
3	落叶松林	21	6.19(10,2)	5.43(15,1)	24.48(50,3)	36.10

编号	群落类型	调查群落数	乔木层	灌木层	草本层	总丰富度
4	白桦、山杨次生林	68	7.18(14,1)	5.87(14,2)	23.54(46,5)	36.59
5	蒙古栎次生林	46	5.37(11,3)	3.56(7,2)	24.20(31,7)	33.13
6	中生阔叶混交林	6	10.33(14,8)	5.00(9,3)	17.83(24,15)	33.16
7	旱生阔叶混交林	4	8.25(13,4)	4.00(6,2)	26.25(30,21)	38.50
8	湿生阔叶混交林	15	9.13(19,2)	5.67(11,0)	20.67(52,7)	35.47
9	针阔混交林	22	8.61(14,5)	8.39(15,2)	25.91(38,16)	42.91
10	人工林	82	6.12(11,1)	3.98(15,0)	23.52(47,11)	33.68
总计		297				

注：1.乔木层、灌木层和草本层内的数字代表该层内的物种平均数，物种平均数后的括号内分别为该层的最大物种数与最小物种数。

2.中生阔叶混交林包括：山杨水曲柳林、黄菠萝水曲柳林、春榆胡桃楸林、春榆白桦山杨胡桃楸林、紫椴胡桃楸林、椴树林；

旱生阔叶混交林包括：黑桦林、黑桦山杨林、蒙古栎白桦林、春榆黑桦林；

湿生阔叶混交林包括：落叶松毛赤杨林、天然水曲柳林、胡桃楸水曲柳林、春榆水曲柳林、榆树白桦水曲柳林、毛赤杨林。

3.人工林包括：红松林人工林、樟子松人工林、云杉幼龄人工林、落叶松人工林、山杨人工林、水曲柳人工林。

原始红松林是小兴安岭地带性顶极群落，群落结构复杂，发育良好，具有很高的生态系统稳定性，所以物种多样性丰富[92]。当原始阔叶红松林受破坏后，在火烧迹地或采伐迹地上作为先锋森林群落的白桦山杨林在发育过程中主要以阳生树种作为建群种，同时保留有前一演替阶段（草地灌丛的树种），尤其在中生生境中的，物种组成也比较丰富，因此也具有较高的物种丰富度。而针阔混交林是在原始红松林反复择伐后形成的群落类型，这种类型的物种组成既有原始林的成分又有次生林的成分，因而也具有较高的物种丰富度。此外，云冷杉林是由于分布的范围较广，分布海拔上限至亚高山地带，所以种类组成也较丰富。而处于干旱生境的蒙古栎次生林由于环境条件恶劣，多数中性植物不能适应，只有少数耐干旱的种类可以生存，因此群落的物种丰富度较低[101,102]。

对小兴安岭6种主要人工林共82个群落（水曲柳人工林4个群落，落叶松人工林50个群落，樟子松人工林19个群落，红松人工林5个群落，云杉幼龄人工林2个，山杨人工林2个）的物种丰富度进行了比较，结果表明，这6种人工林平均总物种丰富度的顺序依次为：水曲柳人工林＞落叶松人工林＞樟子松人工林＞红松人工林＞云杉幼龄人工林＞山杨人工林。这主要与不同树种的生态生物学特性有关，也与林分的年龄有关。水曲柳、落叶松喜生长于中生和偏湿生境中，因此造林地大多为这一类型生境，所出现的植物种类就多，表现出较高的物种丰富度，而樟子松、山杨则适于在较干旱的生境生长，红松人工林由于阔叶成分稀少，土壤酸性较强，所以这些生境限制了一些植物种的成长，因此后几种人工林的物种丰富度相对较低。

5.1.2 不同次生演替系列物种丰富度特征

小兴安岭森林地带性植被为阔叶红松林，然而，由于长期以来的干扰和破坏，原始阔叶红松林已所剩无几，代替它的是不同演替阶段的大面积天然次生林和人工林。这些次生林和人工林由于发生历史、生境而表现出非常多样的群落物种组成和结构特征。阔叶红松林区，任一森林类型，即是空间生态序列上的一段，又是时间演替序列上的一环，在次生演替过程中，植物与环境之间相互作用，伴随着各种趋同和分异现象。阔叶红松林破坏后，在次生演替过程中形成了 3 个主要演替系列（旱生系列、中生系列和湿生系列）。目前上述不同演替系列的各种次生植被在小兴安岭分布均极为广泛，据统计以小兴安岭为例，目前上述不同演替系列的次生林面积约占森林总面积的 88.6%（伊春林业管理局 2006 年统计数据）。

为了了解小兴安岭森林生态系统在群落演替过程中物种多样性的动态变化，我们将所研究的 9 大类天然群落类型按次生演替的 3 个主要序列进行划分，各序列按群落发生顺序，依据表 5-1 中各类型物种丰富度的平均值进行分析，并将人工林物种丰富度按大小顺序排，试图揭示小兴安岭森林生态系统不同次生演替阶段群落和人工群落物种多样性的规律，并为森林培育和经营实践提供理论参考。

5.1.2.1 中生演替系列

中生系列经常是经过杂草、灌丛过渡，逐渐被白桦、山杨等强阳性树种侵入而形成次生森林植被[91]。若这些次生森林经过长期不再破坏或封山育林，随着次生林的不断演替更新，红松逐步进入主林层，又步入演替的顶级阶段，恢复至阔叶红松林。

本研究选择中生演替系列的 3 个主要类型的 96 个群落数据，即原始阔叶红松林（22 个群落），白桦、山杨次生林（68 个群落），中生阔叶混交林（6 个群落）进行分析，结果表明，群落总的物种丰富度原始阔叶红松林最大，次生进展演替先锋树种阶段的白桦、山杨次生林和随后发生的中生阔叶混交林的总种丰富度逐渐降低（图 5-1）。3 个阶段各层则呈不同规律：乔木层物种丰富度先降后升，灌木层则逐渐下降，草本层为先升高后下降（图 5-1）。

5.1.2.2 旱生演替系列

旱生系列是在次生裸地上逐渐形成由阔叶红松林伴生的阔叶树种萌发形成的阔叶混交林，当这些次生森林类型再多次遭受严重干扰或破坏后，造成水土流失

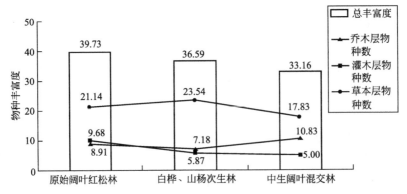

图 5-1　中生演替系列 3 种不同群落类型物种丰富度平均值

和林地逐渐干燥化，在自然情况下，则很难恢复至原有红松及其他树种成分，而逐步向蒙古栎林发展。

　　本研究选择 3 个主要阶段共 72 个群落，即原始阔叶红松林（22 个群落）、以蒙古栎为特征的旱生阔叶混交林（4 个群落）和蒙古栎次生林（46 个群落）的数据，研究结果表明，原始阔叶红松林受破坏后，次生演替旱生系列随演替进程群落总的物种丰富度、乔木层和灌木层物种丰富度均呈逐渐下降趋势，旱生阔叶混交林和蒙古栎次生林乔木层物种比原始阔叶红松林平均分别下降了 7.4% 和 39.8%，灌木层分别下降了 58.7% 和 63.2%，草本层则呈先升高后下降趋势，但 2 个次生群落草本层的丰富度均高于原始阔叶红松林（图 5-2）。

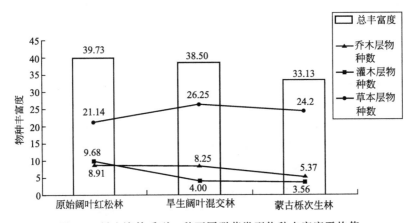

图 5-2　旱生演替系列 3 种不同群落类型物种丰富度平均值

5.1.2.3　湿生演替系列

　　湿生演替系列发生于生境条件较为冷湿的地段，由次生裸地向落叶松、云冷杉混交群落发展。

我们选择原始阔叶红松林（22个群落）、落叶松林（21个群落）和湿生阔叶混交林（15个群落）进行比较。结果表明，原始阔叶红松林受破坏后，次生演替湿生系列随演替进程群落总的物种丰富度呈逐渐下降趋势。乔木层和灌木层物种丰富度均则呈先下降后升高趋势，但2个次生群落乔木层的丰富度均低于原始阔叶红松林。其中灌木层物种丰富度下降明显，比原始阔叶红松林分别下降了44％和41％。草本层呈先升高后下降的趋势（图5-3）。

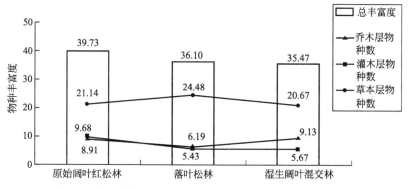

图5-3　湿生演替系列3种不同群落类型物种丰富度平均值

5.1.2.4　6种人工林物种丰富度变化特征

对小兴安岭6种主要人工林共82个群落（水曲柳人工林4个群落，落叶松人工林50个群落，樟子松人工林19个群落，红松人工林5个群落，云杉幼龄人工林2个群落，山杨人工林2个群落）的物种丰富度进行了比较，结果表明，这6种人工林平均总物种丰富度的顺序依次为：水曲柳人工林＞落叶松人工林＞樟子松人工林＞红松人工林＞云杉幼龄人工林＞山杨人工林。乔木层物种丰富度仍是水曲柳人工林最高，其次是红松人工林（这2种群落的物种丰富度明显高于其他人工林类型），另外4种人工林类型与总丰富度顺序相同；灌木层物种丰富度以红松林最高（平均6.6种），山杨林最低（平均1.5种）；草本层物种丰富度在水曲柳人工林、落叶松人工林和樟子松人工林之间相差不大，平均丰富度为26～27种，其余3种林分平均丰富度在19～22种之间，红松人工林的丰富度最低，为19.4种（图5-4）。

统计了《中国小兴安岭植被》[92]中各大类群不同群落类型的物种数，结果显示山杨白桦林的平均物种数最高，本研究中涉及的群落类型的物种数的顺序为山杨白桦林＞原始阔叶红松林＞槭树、椴树阔叶林＞蒙古栎林＞落叶松林＝湿生阔叶林。将这些群落类型分别划分到不同次生演替系列，则可看出，旱生系列随演替进展群落物种丰富度呈下降趋势；中生系列随演替进展呈先升后降趋势；湿生系列呈下降趋势。与我们得出的物种丰富度的结果吻合。

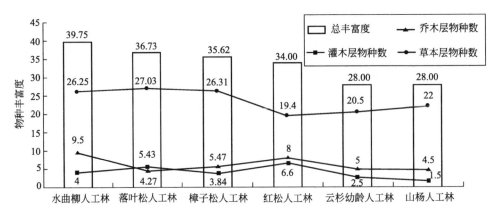

图 5-4　6 种不同群落类型物种丰富度平均值

Auclairan[46]以及其他一些学者认为[103-106]，群落演替的初期植物多样性是在不断增长的，而群落演替的中后期并且群落还未到达顶极群落，这时是群落结构植物多样性最高的时期。当群落演替达到顶极群落时，群落优势种逐渐明显，均匀度降低，加上优势种的他感作用，群落物种多样性降低。然而，另外一些学者认为，群落的演替是向着较高的多样性和更稳定的方向发展[47]，因此群落演替达到顶极群落时的植物物种多样性最大。我们研究结果与后者的规律一致。导致上述结论不同的原因可能是群落演替过程中群落类型、演替过程、光照和土壤等不同的环境因子、研究方法的差异等，这些因素都可能会导致群落物种和结构逐步发生变化，从而使群落的植物多样性产生差异[47-50]。

5.2 典型群落类型植物多样性及其经纬度梯度格局

为了进一步揭示同一群落类型物种丰富度在地理分布上的变化特征，我们分别选择最有代表性的阔叶红松林，中生性质的白桦、山杨次生林，潮湿性质的落叶松次生林和旱生性质的蒙古栎次生林进行了多样性分析。以反映纬度、经度、海拔及不同次生演替系列对群落多样性的影响。

5.2.1 阔叶红松林

5.2.1.1 物种丰富度的纬度梯度格局

物种丰富度和物种多样性变化格局中存在一种纬度梯度特性，这已为生态学家们普遍接受。尽管自然界还存在着其他形式的空间变化格局，但多样性这种纬度梯度变化无疑是最为显著的。多样性的纬度梯度学说认为，随着纬度的不断降低，生态系统的群落多样性将不断增加，这里的多样性包括所有的植物和动物。形成群落多样性这种纬度梯度特性的原因主要是环境方面的作用，如温度和降水等因子，而生物方面的作用则被认为是次要的[107]。本项研究选择了生境比较相似的 3 个纬度的阔叶红松林，样地情况见表 5-2。

表 5-2　不同纬度椴树红松林各样地基本概况

地点	纬度(N)/(°)	经度(E)/(°)	海拔/m	坡度/(°)	坡向	坡位	平均树高/m	平均胸径/cm	郁闭度
胜山	49.48	126.77	536	8	北	中上	9.10	10.17	0.8
丰林	48.11	129.19	317	23	南	中上	10.95	15.78	0.8
凉水	47.18	128.90	405	23	南	中	14.26	16.12	0.8

注：胜山：胜山自然保护区，丰林：丰林自然保护区，凉水：凉水自然保护区。

由图 5-5 可以看出，三个不同纬度地区的椴树红松林的乔木层的物种数相同（8 种）；灌木层的物种数为丰林＞凉水＞胜山；草本层丰林的物种数最多，为 26 种，凉水的物种数与胜山的几乎接近，分别为 21 种和 22 种。总体上看，乔木层、灌木层和草本层的物种数的总和为丰林＞凉水＞胜山，并且三个不同纬度地点物

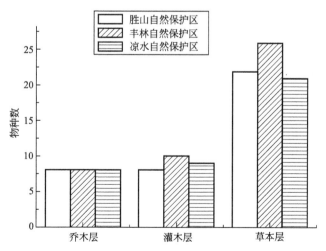

图 5-5　不同纬度椴树红松林各层多样性指数

种数都呈现出草本层＞灌木层＞乔木层的特点，可见草本层对物种丰富度的贡献是最大的。分析其原因可能是随着纬度的升高，气温降低，使红松林的灌木物种数减少，并且凉水的椴树红松林中还包括两种藤本植物，这是丰林和胜山不具有的。在草本层中，丰林物种数最多为26种，凉水的物种数为21种，主要原因是在凉水选择的样地受人为干扰严重，因此呈现出的纬度规律不明显。

5.2.1.2　重要值的分析

重要值是树种相对多度、相对频度和相对优势度的综合反映。三个椴树红松林物种的重要值表现各不相同（表5-3）。

表 5-3　椴树红松林乔木层主要树种重要值

地点	树种	相对优势度/%	相对多度/%	相对频度/%	相对重要值/%
胜山	红松	64.00	23.39	29.51	38.97
	紫椴	19.02	36.29	26.22	27.18
	色木槭	3.14	20.16	14.75	12.69
	樟子松	2.83	11.29	16.39	10.17
丰林	红松	79.94	34.12	35.59	49.89
	臭冷杉	10.94	23.53	25.42	19.97
	青楷槭	0.18	22.35	10.17	10.90
	紫椴	2.95	8.24	11.86	7.68
凉水	红松	76.25	21.33	26.00	41.19
	色木槭	11.84	54.67	44.00	36.84
	紫椴	8.70	5.33	6.00	6.68
	暴马丁香	0.45	6.67	8.00	5.04

注：胜山、丰林、凉水皆为自然保护区。

三个不同纬度的椴树红松林中的红松占据了主林层（表5-3），显示了其绝对的优势。丰林的椴树红松林的红松相对优势度、相对多度和相对频度都最高，因此相对重要值就高，并且直接导致丰林红松林的阔叶树种发育不良，而使臭冷杉这种耐阴树种具有了相对的优势，直接反映在了其重要值上；并且使得紫椴和青楷槭的重要值都低于红松和臭冷杉。凉水椴树红松林的红松的相对优势度、相对多度和相对频度与丰林相比较稍低，但是凉水的红松的平均胸径却大于丰林，并且红松的株数只是丰林的一半，分析其原因可能是凉水的椴树红松林大多已经是过熟林（年龄），处于演替的顶极阶段；而丰林的椴树红松林还处于成熟至过熟林的阶段（年龄），因此丰林红松的重要值要高于凉水；而凉水的椴树红松林的红松株数少，使得色木槭这种中性树种在红松林里的重要值增高，仅次于红松。胜山红松的相对重要值最低，主要原因可能是胜山分布在中国红松林的最北界，红松的平均胸径、株数和在样方中出现的频次都小，为其中的阔叶树种的生长提供了有利条件，因此紫椴在胜山的红松林里的重要值比丰林和凉水都高。

在灌木层，三个不同纬度的椴树红松林相对重要值在10％以上的物种基本相同（表5-4），体现出椴树红松林的灌木层的物种组成的基本特点，只是在具体的数值大小上有一定的差异。

表5-4 椴树红松林灌木层主要树种重要值表

地点	树种	相对多度/%	相对频度/%	相对盖度/%	相对重要值/%
胜山	毛榛子	35.10	34.48	80.06	49.88
	金银忍冬	24.04	31.03	12.69	22.59
	刺蔷薇	16.35	17.24	1.51	11.70
丰林	刺五加	37.58	24.32	30.86	30.92
	毛榛子	27.52	21.62	27.70	25.61
	金银忍冬	10.07	13.51	13.51	12.36
凉水	金银忍冬	23.61	15.22	27.78	22.20
	刺五加	22.92	19.57	18.52	20.33
	东北茶藨子	15.97	17.39	9.44	14.30
	毛榛子	15.28	10.87	12.40	12.85

注：胜山、丰林、凉水皆为自然保护区。

三个群落草本层重要值在前4位的种类各不相同（表5-5），胜山以毛缘苔草最占优势，重要值达17.57％，其次是唢呐草，为12.40％。鹿蹄草和乌苏里苔草相同，均为10％左右。丰林群落的草本层以凸脉苔草占优势，相对多度达39.52％，重要值达25.06％。而凉水群落草本层则以山酢浆草最多，相对多度为28.54％，重要值近17％。

表5-5 椴树红松林草本层主要树种重要值

地点	树种	相对多度/%	相对频度/%	相对盖度/%	相对重要值/%
胜山	毛缘苔草	24.72	9.76	18.25	17.57
	唢呐草	19.94	7.32	9.95	12.40
	鹿蹄草	14.89	4.88	11.85	10.54
	乌苏里苔草	11.10	6.10	12.80	10.00
丰林	凸脉苔草	39.52	13.16	22.50	25.06
	假冷蕨	4.81	9.21	14.62	9.55
	猴腿蹄盖蕨	8.81	3.95	8.44	7.07
	二叶舞鹤草	7.48	9.21	3.71	6.80

地点	树种	相对多度/%	相对频度/%	相对盖度/%	相对重要值/%
凉水	山酢浆草	28.54	12.28	10.02	16.94
	假冷蕨	5.56	15.79	19.47	13.61
	东北羊角芹	13.13	7.02	9.45	9.87
	宽叶苔草	12.63	7.02	7.56	9.07

注：胜山、丰林、凉水皆为自然保护区。

5.2.1.3 植物多样性指数

不同的植物群落在结构和功能上都存在很大的差异，这种差异主要受制于组成种不同的生态生物学特性。换言之，具有不同功能作用的不同物种及其个体相对多度的差异是形成不同群落的基础。因此，关于群落组织化程度的测度指标即物种多样性的研究具有十分重要的意义。本文选择阔叶红松林，白桦、山杨次生林，落叶松次生林，蒙古栎次生林，杂木林，阔叶次生林等群落类型，试图分析不同纬度、经度、海拔及不同次生演替阶段群落多样性的特点，以更加细致地刻画小兴安岭森林生态系统的多样性特点。

对不同纬度 3 个阔叶红松林群落的多样性进行分层测度，其结果如图 5-6、图 5-7、图 5-8 所示。

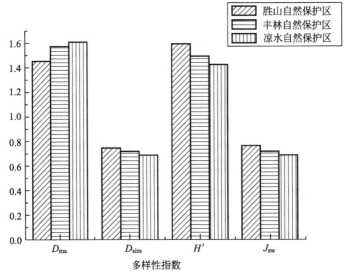

图 5-6　不同纬度椴树红松林乔木层多样性指数

D_{ma}—Margalef 指数；D_{sim}—Simpson 指数；

H'—Shannon-Wiener 指数；J_{sw}—Pielou 均匀度指数。

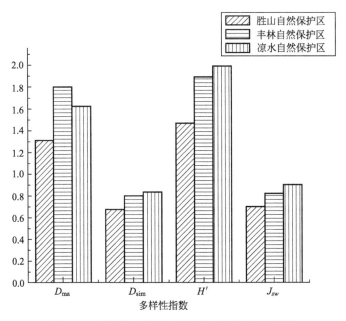

图 5-7　不同纬度椴树红松林灌木层多样性指数

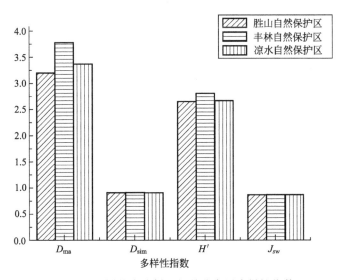

图 5-8　不同纬度椴树红松林草本层多样性指数

（1）乔木层多样性指数

研究结果表明，3 个纬度的椴树红松林乔木层的物种丰富度指数（Margalef 指数）有所差异，随着纬度的升高，物种丰富度指数呈略微下降趋势，凉水、丰林和胜山群落分别为 1.61、1.58 和 1.45。均匀度指数则呈相反趋势，分别为 0.68、

0.71 和 0.77。Simpson 指数在丰林和凉水相差不大为 0.7 和 0.69，均略低于胜山群落的 Simpson 指数 0.75。Shannon-Wiener 指数在丰林和凉水同样相差不大为 1.49 和 1.42，同样均略低于胜山群落的 Shannon-Wiener 指数 1.59。这可能与所处地点有很大关系。胜山位于小兴安岭北坡，与大兴安岭相邻，群落组成除了小兴安岭的典型物种外，尚有大兴安岭的成分渗入其中，所以多样性较高。而丰林和凉水位于小兴安岭南坡，处于阔叶红松林中心分布区，群落均为典型顶极群落，结构稳定，物种丰富，因此丰富度指数较高。均匀度指数随纬度升高而逐渐升高（图 5-6）。

（2）灌木层多样性指数

3 个纬度椴树红松林灌木层物种丰富度指数、Simpson 指数、Shannon-Wiener 指数和均匀度指数也是胜山群落最低，分别为 1.31、0.68、1.47 和 0.71。物种多样性指数和均匀度指数随纬度升高而呈下降趋势。物种丰富度则同样表现出南坡大于北坡（图 5-7）。

（3）草本层多样性指数

3 个纬度的椴树红松林草本层的 Simpson 指数、Shannon-Wiener 指数和均匀度指数差别不大。物种丰富度指数丰林的群落最高，为 3.78，其次是凉水，为 3.34，胜山样地的物种丰富度指数最低（3.19）。可见小兴安岭南、北坡物种丰富度还是有差别的（图 5-8）。

5.2.2 白桦、山杨次生林

我们在纬度与多样性关系研究中，在调查区域内从北到南选择了爱辉、五营和凉水 3 个不同纬度的白桦、山杨次生林（表 5-6），比较分析其多样性变化特征。

表 5-6 不同纬度白桦次生林各样地基本概况

地点	纬度(N)/(°)	经度(E)/(°)	海拔/m	坡度/(°)	坡向	坡位	平均树高/m	平均胸径/cm	郁闭度
爱辉	50.31	126.69	483	5	西南	中	10.89	12.98	0.5
五营	48.23	128.96	449	15	北偏东	中下	5.74	6.02	0.5
凉水	47.18	128.89	388	4	西北	下	13.78	10.66	0.7

5.2.2.1 物种丰富度的纬度梯度格局

对不同纬度白桦、山杨次生林物种丰富度的统计表明，总体上，乔木层的物种丰富度最小，平均占群落丰富度的 19%，灌木层略高于乔木层，占 22.3%，草本层的丰富度最高，占 61.4%。乔木层在 3 个不同地点随纬度升高，物种丰富度呈下降趋势。地处小兴安岭北坡的爱辉样地的乔木和灌木树种明显低于小兴安岭南坡的2个样地。灌木层和草本层均为五营前锋林场样地的丰富度最高，高纬度的爱辉样地丰富度最低（图5-9）。

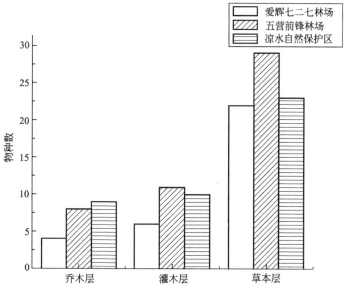

图 5-9 不同纬度白桦、山杨次生林各层物种数

5.2.2.2 重要值的分析

从白桦、山杨次生林乔木层主要树种的重要值来看，在分布最北的爱辉样地中白桦优势极明显，优势度达82.62%，群落主要建群种均为阔叶树种；而五营和凉水样地中，针叶树种占有相当比例，约38%～40%（表5-7）。

3个样地的灌木层的组成树种各不相同，爱辉样地中榛的重要值最大，占60.06%；五营样地中则是东北溲疏占优势，重要值为30.17%；凉水样地以珍珠梅最多，相对多度为43.24%，相对重要值达37.14%（表5-8）。这反映出生境的差异，即爱辉样地相对较干燥，而凉水样地相对较湿润，与所处地理位置和气候条件有关。

表 5-7 白桦、山杨次生林乔木层主要树种重要值表

地点	树种	相对优势度/%	相对多度/%	相对频度/%	相对重要值/%
爱辉	白桦	82.62	90	75	82.54
	山杨	8.55	3.64	9.09	7.09
	蒙古栎	3.8	3.64	9.09	5.51
	黑桦	5.03	2.73	6.82	4.86

地点	树种	相对优势度/%	相对多度/%	相对频度/%	相对重要值/%
五营	白桦	47.71	41.23	34.52	41.16
	红皮云杉	29.81	34.12	26.19	30.04
	兴安落叶松	8.77	7.58	11.90	9.42
	山杨	5.02	5.21	7.14	5.79
凉水	白桦	58.54	47.79	40.32	48.88
	兴安落叶松	36.56	28.32	29.03	31.30
	红皮云杉	3.52	12.39	12.90	9.61
	红松	0.23	5.31	9.68	5.07

注：爱辉：爱辉七二七林场，五营：五营前锋林场，凉水：凉水自然保护区。

表 5-8　白桦、山杨次生林灌木层主要树种重要值表

地点	树种	相对多度/%	相对频度/%	相对盖度/%	相对重要值/%
爱辉	榛	74.52	36.84	68.83	60.06
	乌苏里绣线菊	16.83	26.32	15.26	19.47
	刺蔷薇	2.88	15.79	9.09	9.25
五营	东北溲疏	38.3	24.39	27.83	30.17
	蓝靛果忍冬	14.47	17.07	18.62	16.72
	瘤枝卫矛	11.49	14.63	20.15	15.43
凉水	珍珠梅	43.24	29.17	39.02	37.14
	绣线菊	28.83	12.5	23.26	21.53
	金银忍冬	7.21	12.5	9.04	9.58

注：爱辉：爱辉七二七林场，五营：五营前锋林场，凉水：凉水自然保护区。

3个典型样地的草本层中以小叶章为共同存在的种类，反映出群落一致性的特点，其中爱辉和五营样地小叶章的相对多度分别为20.93%和29.65%，相对重要值分别为15.49%和19.95%。凉水相对重要值为10.35%（表5-9）。

表 5-9　白桦、山杨次生林草本层主要树种重要值表

地点	树种	相对多度/%	相对频度/%	相对盖度/%	相对重要值/%
爱辉	小叶章	20.93	9.41	16.13	15.49
	铃兰	12.80	11.76	11.45	12.01
	鹿蹄草	17.65	4.71	8.71	10.35
	乌苏里苔草	15.57	5.88	9.19	10.22
五营	小叶章	29.65	9.23	20.96	19.95
	羊胡子苔草	18.84	9.23	8.16	12.08
	二叶舞鹤草	8.29	9.23	4.45	7.32
	鹿蹄草	5.53	6.15	8.53	6.74

地点	树种	相对多度/%	相对频度/%	相对盖度/%	相对重要值/%
凉水	臌囊苔草	18.16	5.48	8.36	10.67
	小叶章	14.77	6.85	9.42	10.35
	二叶舞鹤草	13.80	9.59	7.14	10.18
	假冷蕨	2.66	8.22	14.44	8.44

注：爱辉：爱辉七二七林场，五营：五营前锋林场，凉水：凉水自然保护区。

5.2.2.3 植物多样性指数

（1）乔木层多样性指数

研究结果表明，白桦、山杨次生林乔木层物种丰富度指数随纬度升高呈明显的递减趋势（图 5-10），3 个地点中位于最南部的凉水群落的物种丰富度几乎达到最北部爱辉群落的 3 倍，为 1.69。2 个物种多样性指数（Simpson 指数和 Shannon-Wiener 指数）及均匀度指数均为五营群落的最高，分别为 0.72、1.55 和 0.74。而位于小兴安岭北坡的爱辉群落的各项指标均最低，物种多样性指数还不到其他 2 个南坡群落的一半。可见，其寒冷干燥的气候条件限制了树种的分布。

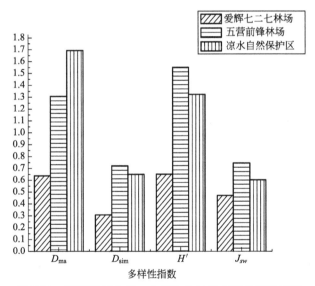

图 5-10 不同纬度白桦、山杨次生林乔木层多样性指数

（2）灌木层多样性指数

白桦、山杨次生林灌木层物种丰富度指数（Margalef 指数）、Simpson 指数均随纬度升高呈明显的递减趋势。小兴安岭南坡的 2 个群落 Margalef 指数分别为 1.82 和 1.91，约为北坡爱辉群落（0.94）的 2 倍。Shannon-Wiener 指数和均匀度指数五营群落（2.20 和 0.94）稍高于凉水（1.89 和 0.82），但仍以小兴安岭北坡

的爱辉群落最低，分别为 1.21 和 0.67（图 5-11）。

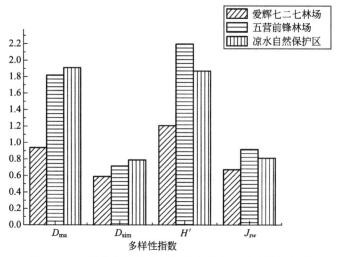

图 5-11　不同纬度白桦、山杨次生林灌木层多样性指数

（3）草本层多样性指数

草本层多样性的各指标也是纬度最高的爱辉群落最低。五营群落的物种丰富度指数和 Shannon-Wiener 指数最高，分别为 4.69 和 2.90。五营样地具有较高的物种丰富度指数可能与其群落的年龄有关，该群落林龄约 10～15 年，为幼龄林阶段，群落草本层组成中仍存在若干前一次生演替阶段（灌草丛）的种类成分，因此表现出较高的物种丰富度。凉水群落的 Simpson 指数和均匀性指数最高，分别为 0.93 和 0.92，反映出该群落的稳定特性（图 5-12）。

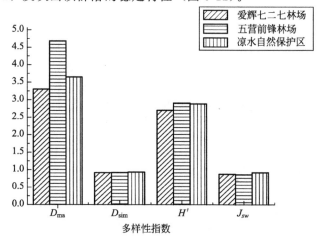

图 5-12　不同纬度白桦、山杨次生林草本层多样性指数

5.2.3 落叶松林

本研究还选择了小兴安岭分布较广泛的不同纬度的落叶松林（表 5-10），比较分析其多样性的纬度差异规律。

表 5-10 不同纬度落叶松林各样地基本概况

地点	纬度(N)/(°)	经度(E)/(°)	海拔/m	坡度/(°)	坡向	坡位	平均树高/m	平均胸径/cm	郁闭度
嫩江	50.76	125.94	391	5	东	中下	8.32	10.77	0.6
汤旺河	48.54	129.21	477	15	东	中下	8.89	12.43	0.6
凉水	47.19	128.44	342	0	—	—	18.62	19.67	0.5

注：嫩江：嫩江中央站林场，汤旺河：汤旺河林业局二龙山林场，凉水：凉水自然保护区。

5.2.3.1 物种丰富度的纬度梯度格局

对 3 个不同地点的落叶松林的统计数据表明，汤旺河群落各层的物种丰富度明显高于其他 2 个群落，乔木层和灌木层的物种数分别为 11 种和 13 种，是其他 2 个群落的 2 倍左右（图 5-13）。分析各群落的总体状况，凉水群落的平均数高和胸径很大，分别为 18.62m 和 19.67cm，占据的生态位幅度较大，可能导致各层的植物种类均较少，林分郁闭度较小，可能是因为兴安落叶松林的分布在凉水为南缘或群落受到一定的人为干扰。

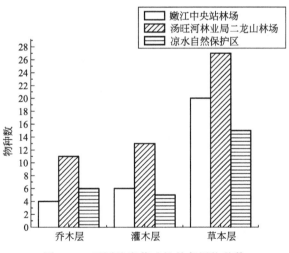

图 5-13 不同纬度落叶松林各层物种数

5.2.3.2 重要值的分析

3 个落叶松群落乔木层的主要物种组成有所不同，嫩江和汤旺河均以落叶松的相对优势度和相对重要值最大，相对多度和相对频度也最大，表明了落叶松在群落中的优势地位。所调查的凉水的落叶松林则表现为红皮云杉的相对优势度和相对重要值最大，这是由于该群落的林龄较大（约150～180年），所以林下以云杉为主的演替层已占据群落的主导地位（表5-11）。

表5-11　落叶松林乔木层主要树种重要值

地点	树种	相对优势度/%	相对多度/%	相对频度/%	相对重要值/%
嫩江	落叶松	64.96	37.93	35.14	46.01
	黑桦	16.72	27.59	28.38	24.23
	蒙古栎	0.24	24.14	22.97	15.78
	白桦	15.86	10.34	13.51	13.24
汤旺河	落叶松	70.30	34.18	36.84	47.11
	臭冷杉	18.74	7.59	8.77	11.70
	红松	0.82	10.13	14.04	8.33
	花楷槭	0.81	11.39	8.77	6.99
凉水	红皮云杉	49.14	47.76	45.45	47.45
	兴安落叶松	39.74	26.87	25.00	30.54
	白桦	6.71	11.94	13.64	10.76
	枫桦	3.56	8.96	9.09	7.20

注：嫩江：嫩江中央站林场，汤旺河：汤旺河林业局二龙山林场，凉水：凉水自然保护区。

不同纬度落叶松群落的灌木层主要优势树种组成差别较大（表5-12），从北到南的三个群落嫩江、汤旺河和凉水主要树种分别以刺蔷薇、东北山梅花和绣线菊优势较明显，但未形成单优势。

表5-12　落叶松林灌木层主要树种重要值

地点	树种	相对多度/%	相对频度/%	相对盖度/%	相对重要值/%
嫩江	刺蔷薇	35.44	31.25	32.65	33.12
	绿叶悬钩子	30.38	25.00	25.85	27.08
	珍珠梅	16.46	12.50	13.61	14.19
汤旺河	东北山梅花	20.00	16.00	21.56	19.19
	暖木条荚蒾	23.51	12.00	14.91	16.81
	刺五加	16.84	14.00	17.20	16.01
凉水	绣线菊	36.96	36.00	41.95	38.30
	珍珠梅	22.83	32.00	27.32	27.38
	蓝靛果忍冬	34.78	20.00	23.41	26.07

注：嫩江：嫩江中央站林场，汤旺河：汤旺河林业局二龙山林场，凉水：凉水自然保护区。

3个落叶松林草本层中相对重要值较大的前四种植物略有差异，嫩江群落中以乌苏里苔草优势较大，相对重要值为17.01%。汤旺河群落则以假冷蕨相对盖度最大，近20%，相对重要值也最大。凉水则主要以小叶章占绝对优势，相对盖度达32%，相对重要值为33.63%（表5-13）。

表5-13　落叶松林草本层主要树种重要值

地点	树种	相对多度/%	相对频度/%	相对盖度/%	相对重要值/%
嫩江	乌苏里苔草	30.36	8	12.66	17.01
	铃兰	12.87	12	10.97	11.95
	二叶舞鹤草	9.24	5.33	8.02	7.53
	小叶章	11.22	6.67	3.59	7.16
汤旺河	假冷蕨	12.16	7.69	19.75	13.20
	茜草	6.76	9.23	10.86	8.95
	蚊子草	6.76	7.69	9.14	7.86
	二叶舞鹤草	9.46	9.23	4.20	7.63
凉水	小叶章	53.88	15	32	33.63
	蚊子草	9.80	16.67	14.31	13.59
	林问荆	8.57	13.33	8.31	10.07
	兴安鹿药	5.71	15	8.92	9.88

注：嫩江：嫩江中央站林场，汤旺河：汤旺河林业局二龙山林场，凉水：凉水自然保护区。

5.2.3.3　植物多样性指数

（1）乔木层多样性指数

汤旺河落叶松林群落乔木层的物种丰富度指数和物种多样性指数均明显高于其他2个群落，其物种丰富度指数（Margalef 指数）（1.82）分别是凉水群落和嫩江群落的1.52倍和2.84倍。Simpson 指数和 Shannon-Wiener 指数均以汤旺河群落以最高，分别为0.74和1.82。凉水群落的上述各项指标与嫩江群落相差不大。嫩江群落的均匀度指数最高，达0.91。可见落叶松林乔木层纬度规律性不明显（图5-14）。

（2）灌木层多样性指数

在所研究的3个落叶松林中，汤旺河落叶松林群落灌木层的物种丰富度指数和物种多样性指数也均明显高于其他2个群落，其物种丰富度指数（Margalef 指数）（2.12）分别是凉水群落和嫩江群落灌木层的2.41倍和1.86倍。汤旺河群落 Shannon-Wiener 指数（2.27）分别是凉水和嫩江群落的1.71倍和1.42倍。均匀度指数随纬度升高而呈上升趋势（图5-15）。

（3）草本层多样性指数

总体上，落叶松林草本层各多样性指数没有明显的纬度地带性规律，汤旺河群落草本层物种丰富度指数和物种多样性指数均高于其他2个群落，尤其是物种丰

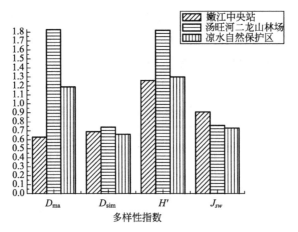

图 5-14　不同纬度落叶松林乔木层多样性指数

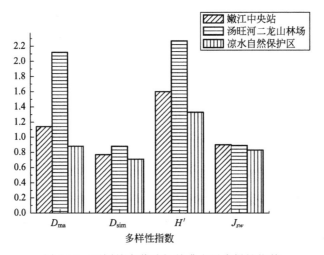

图 5-15　不同纬度落叶松林灌木层多样性指数

富度指数高达 5.20，明显高于其他 2 个群落，分别是凉水群落和嫩江群落的 2.05 和 1.56 倍。其他 3 个指标在群落间差异不大，嫩江和汤旺河 Simpson 指数、Shannon-Wiener 指数和均匀度指数分别在 0.92～0.94、2.77～3.00 和 0.91～0.93，凉水群落的稍低一些，分别为 0.83、2.16 和 0.80（图 5-16）。

5.2.4　蒙古栎次生林

蒙古栎次生林是小兴安岭地区典型次生林类型之一，广泛分布于小兴安岭各地，一般分布在山顶或陡坡上部。本项研究选择了不同经度和纬度的 3 个蒙古栎林进行多样性相关分析，试图揭示小兴安岭蒙古栎林的多样性特征（表 5-14）。

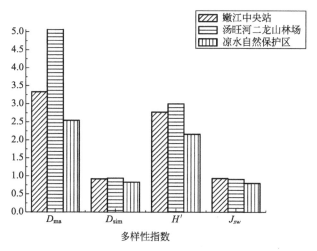

图 5-16　不同纬度落叶松林草本层多样性指数

表 5-14　不同经度蒙古栎次生林各样地基本概况

地点	纬度(N)/(°)	经度(E)/(°)	海拔/m	坡度/°	坡向	坡位	平均树高/m	平均胸径/cm	郁闭度
嫩江	50.90	126.08	260	12	北	上	8.27	17.34	0.6
孙吴	49.18	127.58	294	13	东南	上	7.00	11.85	0.7
鹤北	47.71	130.00	240	18	西南	中上	8.46	12.75	0.65

5.2.4.1　物种丰富度

与其他群落类型相比。3 个地点的蒙古栎次生林的物种丰富度均较低，尤其是乔木层和灌木层，树种组成极为简单，仅 3~5 种。分布最南经度最高的鹤北蒙古栎群落的乔木组成最多（5 种），而分布最北的孙吴群落最少（3 种）。灌木层中孙吴群落的灌木为 3 种，比鹤北和嫩江多 1 种。草本层也是鹤北群落的种类最多，其次是嫩江群落，孙吴群落的草本植物最少（图 5-17）。从 3 个群落分布地点的特征来看，鹤北的地理位置相对为低纬度高经度，处于小兴安岭东南坡。气候特点相对温暖和湿润，因此物种丰富度相对较大。嫩江和孙吴同属于小兴安岭北坡，相对比较寒冷（表 5-14），尽管孙吴的纬度稍低于嫩江，但是嫩江处于大、小兴安岭的过渡带，群落中掺杂有大兴安岭成分。因此表现为嫩江群落的物种丰富度稍高于孙吴群落。

5.2.4.2　重要值的分析

在三个不同地点，蒙古栎次生林乔木层蒙古栎相对优势度达 88.43%（嫩江）以上，鹤北和孙吴分别达 94.87% 和 99.23%。相对重要值也是嫩江群落最低（66.36%），孙吴群落最高（97.32%）。这是由于孙吴群落的蒙古栎密度较大，个体较小。三个群落乔木层其他主要组成树种略有差别，嫩江和鹤北群落以黑桦为次优势种，相对重要值分别为 27.95％和 9.19％，孙吴群落中伴生的山杨和櫰槐非常稀少，相对重要值仅为 1.43％和 1.25％（表 5-15）。

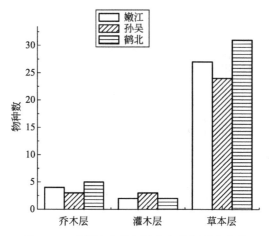

图 5-17 不同经度蒙古栎次生林各层物种数

表 5-15 不同经度蒙古栎次生林乔木层主要树种重要值

地点	树种	相对优势度/%	相对多度/%	相对频度/%	相对重要值/%
嫩江	蒙古栎	88.43	56.10	54.55	66.36
	黑桦	10.9	36.59	36.36	27.95
	紫椴	0.05	4.88	6.06	3.66
	白桦	0.62	2.44	3.03	2.03
孙吴	蒙古栎	99.23	98.13	94.59	97.32
	山杨	0.65	0.93	2.70	1.43
	櫰槐	0.11	0.93	2.70	1.25
鹤北	蒙古栎	94.87	86.81	73.33	85.00
	黑桦	4.32	7.69	15.56	9.19
	色木槭	0.23	3.30	6.67	3.40
	枫桦	0.56	1.10	2.22	1.30

3 个群落灌木层的树种组成基本相同，均为榛和胡枝子。嫩江和鹤北以榛占明显优势，相对重要值分别为 69.91％和 62.48％，孙吴群落以胡枝子占优势，重要值为 58.62％（表 5-16）。

蒙古栎次生林的草本层种类组成也很少，3 个群落均以耐干瘠薄的旱生苔草属植物为优势种，但相对多度和相对盖度也不大，相对重要值均在 20％左右（表 5-17）。

表 5-16　不同经度蒙古栎次生林灌木层主要树种重要值

地点	树种	相对多度/%	相对频度/%	相对盖度/%	相对重要值/%
嫩江	榛	75.42	58.33	75.98	69.91
	兴安胡枝子	24.58	41.67	24.02	30.09
孙吴	胡枝子	50.31	71.43	54.11	58.62
	毛榛子	35.22	14.29	28.99	26.16
	榛	14.47	14.29	16.91	15.22
鹤北	榛	65.45	46.15	75.83	62.48
	胡枝子	34.55	53.85	24.17	37.52

表 5-17　不同经度蒙古栎次生林草本层主要树种重要值

地点	树种	相对多度/%	相对频度/%	相对盖度/%	相对重要值/%
嫩江	乌苏里苔草	30.16	12.66	19.69	20.83
	二歧银莲花	22.57	11.39	15.21	16.39
	关苍术	6.70	10.13	10.96	9.26
	东北山黧豆	4.76	10.13	12.75	9.21
孙吴	乌苏里苔草	34.80	12.86	12.57	20.07
	铃兰	13.92	10.00	13.87	12.60
	关苍术	9.16	11.43	14.14	11.57
	单花鸢尾	10.99	10.00	7.59	9.53
鹤北	羊胡子苔草	32.20	11.84	10.01	18.02
	宽叶山蒿	14.02	11.84	15.15	13.67
	北乌头	7.20	6.58	7.93	7.23
	单花鸢尾	5.68	6.58	6.06	6.11

5.2.4.3　植物多样性指数

（1）乔木层多样性指数

对 3 个蒙古栎群落的多样性分析表明，乔木层的各项多样性指数均较低（图 5-18）。物种丰富度指数最高也仅为 0.89（鹤北），孙吴群落的 Margalef 指数最小，为 0.43。Simpson 指数和 Shannon-Wiener 指数最高仅 0.48 和 0.83。3 个群落中各多样性指数的顺序依次为嫩江群落＞鹤北群落＞孙吴群落。嫩江群落多样性指数相对较高，可能主要由于该地区为大、小兴安岭的交错带，且海拔较低（260m，见表 5-14）。嫩江群落的均匀度指数最高（0.60），孙吴的均匀度指数最低，仅 0.13。

（2）灌木层多样性指数

3 个蒙古栎次生林灌木层的各项多样性参数均相对较低，其中，以孙吴群落的物种丰富度指数、Simpson 指数和 Shannon-Wiener 指数相对较高，分别为 0.40、

0.56 和 0.95，其他 2 个群落相差不大。其中鹤北的各项参数稍高于嫩江（图 5-19）。

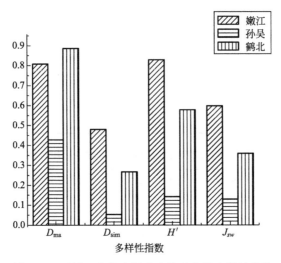

图 5-18　不同经度蒙古栎次生林乔木层多样性指数

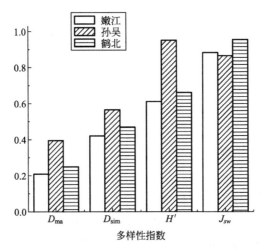

图 5-19　不同经度蒙古栎次生林灌木层多样性指数

（3）草本层多样性指数

草本层各多样性指数在 3 个群落间的差别不明显，嫩江和孙吴群落各项指标几乎相同，Margalef 指数、Simpson 指数和 Shannon-Wiener 指数分别为 4.1、0.9 和 2.6。鹤北群落稍高于前 2 个群落，分别为 5.4、0.9 和 3.0。均匀度指数随经度升高而呈上升趋势，随纬度升高而呈下降趋势（图 5-20）。

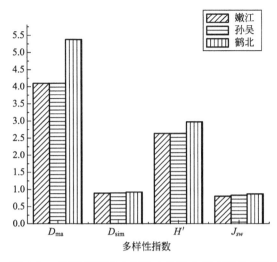

图 5-20　不同经度蒙古栎次生林草本层多样性指数

5.2.5　四种主要群落类型多样性指数比较

综合分析前述小兴安岭天然林 4 种典型群落乔木层的多样性参数，可见阔叶红松林的物种丰富度指数、Simpson 指数和 Shannon-Wiener 指数均最高。4 种群落各项参数的顺序从大到小依次为阔叶红松林＞落叶松林＞白桦、山杨次生林＞蒙古栎次生林。物种均匀度指数落叶松林稍高于阔叶红松林。其他 3 个群落类型顺序与前面 3 个多样性指数一致，均为蒙古栎次生林最低（图 5-21）。

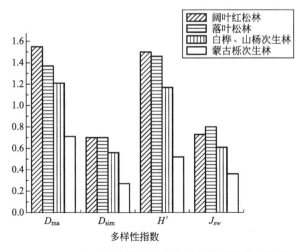

图 5-21　四种不同群落类型乔木层多样性指数平均值

4 种群落类型灌木层的物种多样性指数与乔木层有所不同（图 5-22），物种丰富度指数和 Shannon-Wiener 指数仍然是阔叶红松林最高，白桦、山杨次生林的物种丰富度与 Shannon-Wiener 指数仅次于阔叶红松林，蒙古栎次生林灌木层中物种丰富度指数、Simpson 和 Shannon-Wiener 指数均最低。4 种群落类型均匀度指数相差不大，蒙古栎稍高于其他 3 个类型。

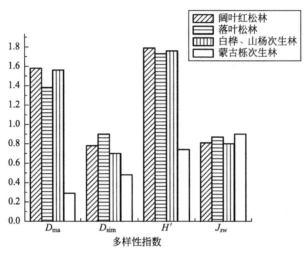

图 5-22　四种不同群落类型灌木层多样性指数平均值

　　4 种群落类型草本层的物种丰富度指数与乔木层相反，从大到小依次为蒙古栎次生林＞白桦、山杨次生林＞落叶松林＞阔叶红松林。4 种群落草本层的 Simpson 指数和均匀度指数几乎相同，Shannon-Wiener 指数略有差别，白桦、山杨次生林和蒙古栎次生林稍高于阔叶红松林和落叶松林（图 5-23）。

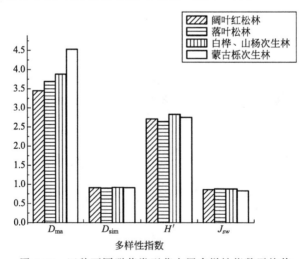

图 5-23　四种不同群落类型草本层多样性指数平均值

对小兴安岭原始阔叶红松林及其代表 3 个主要演替系列的天然（次生）群落（白桦、山杨次生林-中生系列、蒙古栎次生林-旱生系列、落叶松林-湿生系列）物种多样性的比较分析表明，群落总的物种丰富度和物种丰富度指数的变化规律一致，均为原始阔叶红松林＞白桦次生林＞落叶松林＞蒙古栎林。

各层的植物多样性指数规律略有不同。阔叶红松林乔木层的物种丰富度指数、Simpson 指数和 Shannon-Wiener 指数均最高，4 种群落的顺序依次为阔叶红松林＞落叶松林＞白桦、山杨次生林＞蒙古栎次生林。物种均匀度指数落叶松林稍高于阔叶红松林，其他群落类型顺序与前面 3 个多样性指数一致，均为蒙古栎次生林最低；4 种群落类型灌木层的物种丰富度指数和 Shannon-Wiener 指数仍然是原始阔叶红松林最高，白桦、山杨次生林的物种丰富度指数与 Shannon-Wiener 指数仅次于阔叶红松林，蒙古栎次生林灌木层中物种丰富度指数、Simpson 和 Shannon-Wiener 指数均最低，4 种群落类型均匀度指数相差不大，蒙古栎次生林稍高于其他 3 个类型；4 种群落类型草本层的物种丰富度指数与乔木层相反，从大到小依次为蒙古栎次生林＞白桦、山杨次生林＞落叶松林＞阔叶红松林。4 种群落草本层的 Simpson 指数和均匀度指数几乎相同，Shannon-Wiener 指数略有差别，白桦、山杨次生林和蒙古栎次生林稍高于阔叶红松林和落叶松林。

群落动态是群落各组成要素相互作用的体现，作为群落关键组成的物种多样性，其产生、存在和发展是对生态环境响应的结果[108]。小兴安岭森林群落是以原始阔叶混交林为地带性植被的代表群落，该群落受不同时期受人为干扰后形成的次生群落类型，具有明显的演替动态特征，各群落处于不同的演替阶段。这些类型多样的森林群落具有不同的植物多样性特征。本研究表明，原始阔叶红松林的物种丰富度及物种丰富度指数均高于 3 个不同次生演替系列的群落物种丰富度，表明该区的地带性植被具有独特的优势。李凤英等在小兴安岭中心地带的凉水国家级自然保护区内研究了原始阔叶红松林及其不同演替阶段的次生群落以及落叶松人工林等 9 个森林群落类型的物种多样性，并应用空间序列代替时间序列的方法分析了研究区域主要森林群落演替过程中物种多样性的变化特点。作者得出的结论也是白桦、山杨次生林的物种丰富度小于阔叶红松林[109]。李俊涛等采用物种多样性指数、物种丰富度指数、均匀度指数等对凉水自然保护区 8 种森林群落类型林下灌木层和草本层的物种多样性进行研究，结果表明，总体多样性顺序为：原始红松林＞人工落叶松林＞械树红松林＞阔叶红松林＞云冷杉红松林＞人工红松林＞椴树红松林＞白桦林。上述研究与本研究结果基本一致，所不同的是我们调查的落叶松人工林的物种丰富度要小于白桦、山杨次生林。这可能与调查的样地数量、林龄等有关。我们调查的是小兴安岭全区范围内的 50 个不同地点的群落样地，反映了小兴安岭全区的总体特征。

在 3 个次生群落中，中生系列的代表群落白桦、山杨次生林多占据着土壤肥沃、排水良好的中生生境，适合于多种植物生存，具有较高的物种丰富度[65]。

5.2.6　海拔高度对原始阔叶红松林物种多样性的影响

海拔高度对植物多样性的影响也很大，但不同学者的研究结果有所不同[110-116]。为了了解海拔高度对小兴安岭典型地带性植被阔叶红松林多样性的影响，我们选择丰林国家级自然保护区内同一山体不同海拔高度的原始红松林群落进行了较详细的多样性分析（表 5-18）。

表 5-18　不同海拔梯度原始红松林各样地基本概况

群落类型	海拔/m	坡度/(°)	坡向	坡位	平均树高/m	平均胸径/cm	郁闭度
蒙古栎红松林	470	50	东南	中上	9.54	12.44	0.3
椴树红松林	317	23	南	中上	10.95	15.78	0.8
云冷杉红松林	255	3	东南	下	11.62	12.04	0.3

5.2.6.1　物种丰富度

原始阔叶红松林在同一山体不同海拔高度群落物种的总丰富度随海拔升高呈明显递减趋势（图 5-24）。海拔高度从低到高分别为云冷杉红松林、椴树红松林、蒙古栎红松林，其总丰富度依次为 52 种、44 种和 30 种。乔木层物种丰富度依次为 10 种、8 种和 9 种；灌木层均为 10 种；草本层分别为 32 种、26 种和 11 种。

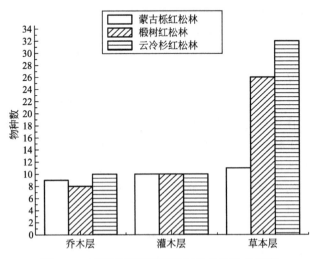

图 5-24　不同海拔原始阔叶红松林物种丰富度

5.2.6.2 植物多样性指数

原始阔叶红松林在同一山体不同海拔高度乔木层多样性指数有所不同。物种丰富度指数在低海拔的云冷杉红松林中最高 1.96，其次是蒙古栎红松林，为 1.71，椴树红松林物种丰富度最低。3 个海拔的林分 Simpson 指数差别不大，均为 0.69。蒙古栎红松林和云冷杉红松林的 Shannon-Wiener 指数近于相同，分别为 1.56 和 1.54；椴树红松林 Shannon-Wiener 指数相对较低，为 1.49，而均匀度指数 0.72 略高于其他 2 个海拔的样地（图 5-25）。

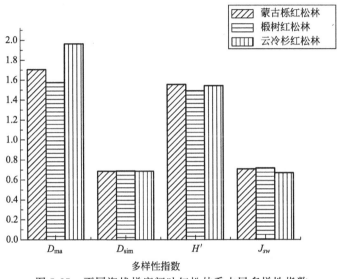

图 5-25　不同海拔梯度阔叶红松林乔木层多样性指数

在三个海拔梯度上，处于高海拔的蒙古栎红松林灌木层的各项多样性指数均最低。物种丰富度随海拔升高呈逐渐降低的趋势，处于低海拔的云冷杉红松林的 Margalef 指数为 1.88，再向上的椴树红松林和蒙古栎红松林的 Margalef 指数分别为 1.80 和 1.60。Simpson 指数、Shannon-Wiener 指数和均匀度指数则表现为中海拔地段的椴树红松林最高（图 5-26）。

不同海拔梯度原始阔叶红松林的草本层多样性指数呈明显的规律性，即随海拔升高，各项多样性参数均呈下降趋势（图 5-27）。丰富度指数依次为 5.69、3.78 和 1.94，Shannon-Wiener 指数依次为 3.12、2.81 和 1.77，均匀度指数依次为 0.90、0.86 和 0.74。表明群落草本层多样性受海拔影响较大。

综合分析上述 12 个群落物种丰富度与纬度的关系，发现群落总物种丰富度随纬度升高呈先升高后下降的趋势（图 5-28），而群落乔木层和灌木层物种丰富度指数则随纬度升高而明显下降（图 5-29，图 5-30），草本层的物种丰富度指数随纬度升高没有明显的降低趋势（图 5-31）。

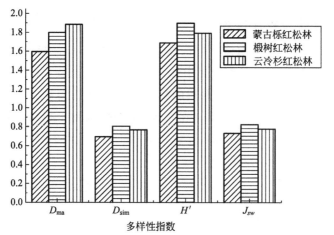

图 5-26　不同海拔梯度阔叶红松林灌木层多样性指数

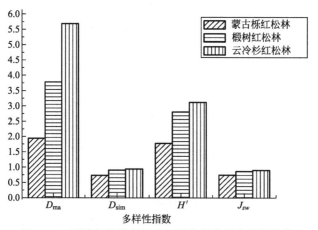

图 5-27　不同海拔梯度阔叶红松林草本层多样性指数

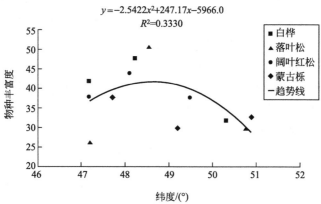

图 5-28　小兴安岭森林群落总物种丰富度与纬度的关系

图中物种丰富度为每个阔叶红松林、落叶松林、白桦次生林和
蒙古栎林群落的平均物种丰富度（每个类型 3 个群落，共 12 个群落）

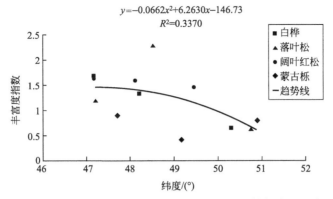

图 5-29　小兴安岭森林群落乔木层物种丰富度指数与纬度的关系

图中物种丰富度为每个阔叶红松林、落叶松林、白桦次生林和
蒙古栎林群落的平均物种丰富度（每个类型 3 个群落，共 12 个群落）

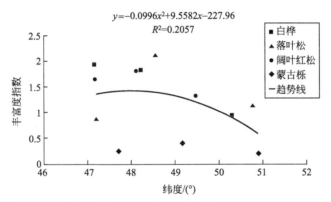

图 5-30　小兴安岭森林群落灌木层物种丰富度指数与纬度的关系

图中物种丰富度为每个阔叶红松林、落叶松林、白桦次生林和
蒙古栎林群落的平均物种丰富度（每个类型 3 个群落，共 12 个群落）

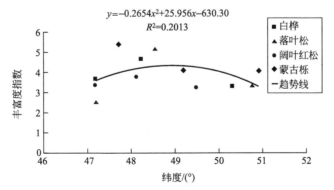

图 5-31　小兴安岭森林群落草本层物种丰富度指数与纬度的关系

图中物种丰富度为每个阔叶红松林、落叶松林、白桦次生林和
蒙古栎林群落的平均物种丰富度（每个类型 3 个群落，共 12 个群落）

将上述 12 个群落物种总丰富度和群落各层丰富度指数与经度进行相关性分析，表明总物种丰富度随经度升高呈上升趋势（图 5-32）。乔木层和灌木层物种多样性指数总体上随经度增加而呈上升趋势，在东经 126°和 129°之间升高明显，之后略有降低（图 5-33，图 5-34）。这主要是由于图中东经 130°只有蒙古栎群落，而该群落类型乔木层和灌木层物种丰富度指数明显低于其他类型（图 5-21，图 5-22）。草本层多样性指数随经度增加先下降后明显增加（图 5-35）。这可能与低经度 126°地点位于大、小兴安岭交界地带，植物组成中混有许多大兴安岭的成分有关，使该地段群落草本多样性指数高于中间梯度的纬度地段，因为草本植物相对易于扩散。

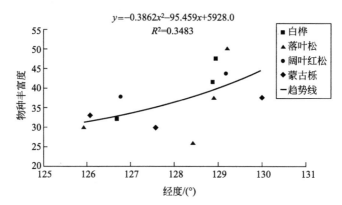

图 5-32　小兴安岭森林群落总物种丰富度与经度的关系
图中物种丰富度为每个阔叶红松林、落叶松林、白桦次生林和
蒙古栎林群落的平均物种丰富度（每个类型 3 个群落，共 12 个群落）

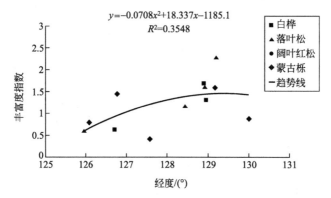

图 5-33　小兴安岭森林群落乔木层物种丰富度指数与经度的关系
图中物种丰富度为每个阔叶红松林、落叶松林、白桦次生林和
蒙古栎林群落的平均物种丰富度（每个类型 3 个群落，共 12 个群落）

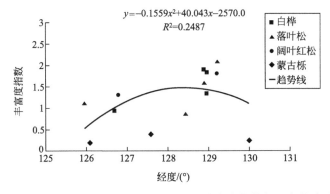

图 5-34　小兴安岭森林群落灌木层物种丰富度指数与经度的关系
图中物种丰富度为每个阔叶红松林、落叶松林、白桦次生林和
蒙古栎林群落的平均物种丰富度（每个类型 3 个群落，共 12 个群落）

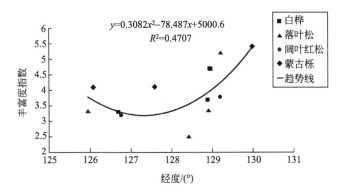

图 5-35　小兴安岭森林群落草本层物种丰富度指数与经度的关系
图中物种丰富度为每个阔叶红松林、落叶松林、白桦次生林和
蒙古栎林群落的平均物种丰富度（每个类型 3 个群落，共 12 个群落）

5.2.7　经、纬度对植物多样性的影响

对原始阔叶红松林，白桦、山杨次生林，落叶松林的研究结果表明，原始阔叶红松林总物种丰富度和物种丰富度指数为丰林＞凉水＞胜山，即随纬度升高，群落物种总丰富度略呈下降趋势。乔木层 Simpson 指数在丰林和凉水相差不大为 0.7 和 0.69，均略低于胜山群落的 Simpson 指数 0.75，Shannon-Wiener 指数在丰林和凉水同样相差不大为 1.49 和 1.42，同样均略低于胜山群落的 Shannon-Wiener 指数 1.59；灌木层多样性指数和均匀度指数随纬度升高而呈下降趋势。物种丰富度则同样表现出南坡大于北坡；3 个纬度的椴树红松林草本层的 Simpson 指数、Shannon-Wiener 指数差别不大。总体上反映出小兴安岭南坡群落的物种丰富度大

于北坡，植物多样指数随纬度的变化规律不明显。

总体上，白桦、山杨次生林物种总丰富度和物种丰富度指数随纬度升高而明显降低，乔木层在 3 个不同地点随纬度升高，物种丰富度呈下降趋势。Simpson 指数和 Shannon-Wiener 指数均为居于纬度梯度中间的五营群落最高，而位于小兴安岭北坡的爱辉群落的各项指标均最低。灌木层的物种丰富度指数（Margalef 指数）、Simpson 指数均随纬度升高呈明显的递减趋势。也反映出南、北坡之间群落植物多样性的差异比较明显，即高纬度的群落低于低纬度的群落。

不同纬度的落叶松林物种丰富度和物种丰富度指数均表现为居于纬度梯度中间的汤旺河群落最高，乔木层、灌木层和草本层的 Simpson 指数和 Shannon-Wiener 指数均以汤旺河群落最高，凉水群落与嫩江群落相差不大。

本项研究选择了不同经度和纬度的 3 个蒙古栎次生林进行多样性相关分析，试图揭示小兴安岭蒙古栎林随经、纬度变化的多样性特征。结果表明，从东到西，蒙古栎次生林的物种丰富度和物种丰富度指数均以东南部的鹤北群落最高，北部的孙吴群落最低，位于西北部的嫩江群落居中。3 个群落乔木层中各多样性指数的顺序依次为嫩江群落＞鹤北群落＞孙吴群落；灌木层的各项多样性参数均相对较低，其中，以孙吴群落的物种丰富度指数、Simpson 指数和 Shannon-Wiener 指数相对较高，分别为 0.40、0.56 和 0.95，其他 2 个群落相差不大；草本层各多样性指数在 3 个群落间的差别不明显，嫩江和孙吴群落各项指标几乎相同，Margalef 指数、Simpson 指数和 Shannon-Wiener 指数分别为 4.1、0.9 和 2.6。鹤北群落稍高于前 2 个群落。

综合分析上述阔叶红松林，落叶松林，白桦、山杨次生林和蒙古栎次生林 12 个群落物种丰富度与纬度的关系，发现群落总物种丰富度随纬度升高呈先升高后下降的趋势，而群落乔木层和灌木层物种丰富度指数则随纬度升高而明显下降，草本层的物种丰富度指数与纬度梯度没有明显的相关关系。

总物种丰富度随经度升高呈上升趋势。乔木层和灌木层物种多样性指数总体上随经度增加而呈上升趋势，在东经 126°和 129°之间升高明显，之后略有降低。这主要是由于东经 130°只有蒙古栎群落，而该群落类型乔木层和灌木层物种丰富度指数明显低于其他类型。草本层多样性指数随经度增加先下降后明显增加。

地球上森林群落的物种多样性具有一定的分布规律。在水平地带上，物种多样性从高纬度的北极与南极的比较贫乏的生物群落向低纬度的热带雨林生物群落，物种多样性随地带性的变化具增加的趋势，从总体来说是连续的[117]。Whittaker 提出的生物多样性随纬度变化的模式图（图 5-36）反映了生物多样性随纬度变化一个基本规律。物种丰富度和物种多样性的变化格局中存在纬度梯度特性，这已为生态学家们普遍接受[107,118-121]。

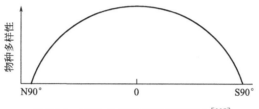

图 5-36　物种多样性随纬度的变化[117]

以往关于生物多样性与纬度的关系研究多为在不同尺度区域范围内对各纬度上所有群落的总体上的多样性进行比较。我们的研究试图在一个相对较小的纬度梯度上比较同一分布区内（寒温带）典型地带性植被类型——原始阔叶红松林群落和天然次生林群落——白桦次生林植物多样性随纬度的变化，以了解同一群落类型物种多样性随纬度是否也有与上述相同的规律。我们的研究结果表明，原始阔叶红松林总物种丰富度为丰林＞凉水＞胜山，即随纬度升高，群落物种总丰富度及丰富度指数呈下降趋势。但 Simpson 指数和 Shannon-Wiener 指数在小兴安岭南坡的 2 个群落没有呈现出随纬度升高的递减规律，这可能与林分的海拔高度有关，北部的丰林群落海拔比南部的凉水群落低近 100m，部分弥补了因纬度不同而产生的温差。但总体上，纬度最北的爱辉群落的多样性指数明显低于南坡的群落。白桦、山杨次生林物种总丰富度和物种丰富度指数随纬度升高而明显降低。随纬度升高，乔木层和灌木层物种丰富度呈下降趋势。Simpson 指数和 Shannon-Wiener 指数均为居于纬度梯度中间的五营群落最高，这可能与林分的郁闭度有关，五营群落的郁闭度为 0.5，而南部的凉水群落郁闭度为 0.7，后者荫蔽的林下环境，只适于耐荫植物的生长，而限制了一些阳性喜光的植物。落叶松林多样性纬度规律性的不明显可能与其他因子的影响有关，如南部的凉水群落位于坡底阴湿地段，且树木高大，平均树高和胸径分别为 18.62m 和 19.67cm，占据的生态位幅度较大，可能导致各层的植物种类均较少，同时，可能也是群落受人为干扰比较严重。但总体上，位于小兴安岭北坡的爱辉群落的各项指标均最低。

原始阔叶红松林和白桦、山杨次生林均反映出南、北坡之间群落植物多样性的差异比较明显，即高纬度的群落低于低纬度的群落。不同纬度的落叶松林物种丰富度和物种丰富度指数均表现为居于纬度梯度中间的汤旺河群落最高，乔木层、灌木层和草本层的 Simpson 指数和 Shannon-Wiener 指数均以汤旺河群落最高，凉水群落与嫩江群落相差不大。张巍等研究了东北林区落叶松人工林沿坡面环境梯度和沿纬度梯度群落植物多样性的变化。其结果显示物种丰富度沿坡面环境梯度呈现出单峰型分布，沿纬度梯度呈现凹形分布，而植物多样性呈递减型分布规律[122]。可见，除了纬度影响群落的植物多样性外，还受其他环境因子的影响。

本研究显示，各群落间均匀度指数 Pielou 没有一致的变化规律。Pielou 指数实际上是根据 Shannon-Wiener 指数来计算的。虽然它是从物种丰富度指数推算而来，但它与物种多样性指数之间并没有明显的相关关系，同样与物种丰富度指数也没有明显的相关关系。不难理解，各地区之间群落均匀度指数并不像物种丰富度和物种多样性那样呈现出一种纬度的梯度特征[107]。

物种多样性在经度上的变化，常表现出与大陆性气候的强弱相关。但物种多样性的地带性变化的原因是极为复杂的，受到诸多生态因素的影响[117]（图 5-37），这些因素也会随地带性的变化而具相应的生态变化。

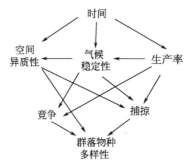

图 5-37　各种因素影响物种多样性模式[117]

蒙古栎次生林是小兴安岭地区典型次生林类型之一，广泛分布于小兴安岭各地，一般分布在山顶或陡坡上部。本项研究选择的位于不同经、纬度的 3 个蒙古栎林进行多样性分析，各多样性指数的顺序依次为嫩江群落＞鹤北群落＞孙吴群落。从 3 个群落分布地点的特征来看，鹤北的地理位置相对为低纬度高经度，处于小兴安岭东南坡。气候特点相对温暖和湿润，因此物种丰富度相对较大。嫩江和孙吴同属于小兴安岭北坡，相对比较寒冷，尽管孙吴的纬度稍低于嫩江，但是嫩江处于大、小兴安岭的过渡带，群落中掺杂有大兴安岭成分。因此表现为嫩江群落的物种丰富度稍高于孙吴群落。

5.2.8　海拔梯度对物种丰富度和植物多样性的影响

原始阔叶红松林在同一山体不同海拔高度群落物种的总丰富度随海拔升高呈明显递减趋势。海拔高度从低到高分别为云冷杉红松林、椴树红松林、蒙古栎红松林，其总丰富度依次为 52 种、44 种和 30 种。乔木层物种丰富度依次为 10 种、8 种和 9 种；灌木层均为 10 种；草本层分别为 32 种、26 种和 11 种。

同一山体不同海拔高度分布的原始阔叶红松林植物多样性表现为，乔木层物种丰富度指数在低海拔的云冷杉红松林中最高 1.96，其次是高海拔的蒙古栎林，为 1.71，椴树红松林物种丰富度最低。3 个海拔的林分 Simpson 指数差别不大，均为 0.69，Shannon-Wiener 指数蒙古栎红松林和云冷杉红松林近于相同分别为 1.56 和 1.54。椴树红松林 Shannon-Wiener 指数相对较低，为 1.49，而均匀度指数 0.72 略高于其他 2 个海拔的样地；灌木层物种丰富度随海拔升高呈逐渐降低的趋势，Simpson 指数、Shannon-Wiener 指数和均匀度指数则表现为中海拔地段的椴树红松林最高。草本层多样性指数呈明显的规律性，即随海拔升高，各项多样性参数均呈下降趋势。物种丰富度指数依次为 5.69、3.78 和 1.94，Shannon-Wiener 指数依次为 3.12、2.81 和 1.77，均匀度指数依次为 0.90、0.86 和 0.74，表明群落草本层多样性受海拔影响较大。

目前大多数研究认为，生态梯度影响物种多样性的空间分布格局[101]，其中海拔梯度对物种多样性格局起决定性作用[123-125]。但山地森林群落物种多样性沿海拔梯度的格局变化模式不同研究者所得的结论不同，主要的变化模式如：植物群落物种多样性与海拔高度呈负相关，即随海拔高度的升高，物种多样性降低[126-129]，很多研究都证实这一变化规律[130]；植物群落物种多样性与海拔高度正相关，即随海拔高度的升高，物种多样性增加[111,131]；而越来越多的研究表明，中间海拔高度膨胀的分布格局是物种多样性与海拔关系最常见的分布形式[132-134]。植物群落物种多样性在中等海拔高度最大[112,135-137]；也有人发现植物群落物种多样性在中等海拔高度较低[113]或物种多样性与海拔高度无特定的关系[101,115,138]。我们的研究表明，原始阔叶红松林在同一山体不同海拔高度群落物种的总丰富度随海拔升高度呈明显递减趋势。阔叶红松林乔木层的物种多样性在 3 个海拔梯度上表现为中海拔梯度最小，而灌木层则表现为中海拔梯度最高，草本层植物多样性却随海拔升高而逐渐减小。因而我们认为，不同研究者所得结果的差异可能与具体的海拔梯度差有关，在梯度差较高的高山上垂直带，处于海拔很高的群落可能由于温度的降低而使植物多样性降低，同时也与具体的生境条件密切相关。我们所研究的 3 个阔叶红松林群落的海拔高差相对较小（每个梯度高差约为 100m），每个群落的土壤差别也较大，低海拔群落的土层较厚，土壤湿度较大，利于植物生长，而高海拔的群落接近于山脊，土层较薄，且较干燥，适于一些耐旱的植物生长。因此，在研究植物多样性与海拔高度的关系时，应同时考虑各方面的主要影响因子[134]。

6

小兴安岭森林植被的分类与区划

6.1 小兴安岭植被的分类

小兴安岭地带性植被是温带针阔混交林,即阔叶红松林。经过多年的人为破坏和干扰,原始阔叶红松林已所剩无几。根据破坏程度、持续时间及环境条件而衍生出各类型的次生森林植被,组成了复杂多样的植被类型。本研究根据以往相关资料及本次调查结果对该地区植被分类进行以下总结,并对小兴安林森林植被进行分类。

6.1.1 小兴安岭植被的分类原则

植被分类是将组成植被的各种各样的植物群落按一定原则进行分类,目的在于揭示植物的组合规律及其与环境的关系,以达到对植被有一个较系统、全面的认识[92]。

本研究采用的植被分类原则基本参照《中国小兴安岭植被》[92]《中国植被及其地理格局》[139],即优势种原则、外貌结构原则、生态环境特征原则以及动态特征原则。

优势种即是植物群落中各个层或层片中数量最多、盖度最大、群落学作用最明显的种,其中,主要层片的优势种称为建群种。

植被的外貌和结构是植被的主要外在特征，这种特征主要取决于优势种的生活型，某些群落结构单位（如层片）就是以生活型为主要标准划分的。因此为了利用外貌和结构原则，首先确定要采用的生活型系统。本研究参照《中国植被及其地理格局》采用如下生活型系统：

Ⅰ.木本植物

一、乔木 （一）针叶乔木 1.常绿的 （1）大乔木
　　　　　　　　　　　　　　　（2）中乔木
　　　　　　　　　　　　　　　（3）小乔木
　　　　　　　　　 2.落叶的 （1）大乔木
　　　　　　　　　　　　　　　（2）中乔木
　　　　　　　　　　　　　　　（3）小乔木
　　　（二）阔叶乔木 1.常绿的 （1）大乔木
　　　　　　　　　　　　　　　（2）中乔木
　　　　　　　　　　　　　　　（3）小乔木
　　　　　　　　　 2.落叶的

二、灌木 （一）针叶的 1.常绿的
　　　　　　　　　　　2.落叶的
　　　（二）阔叶的 1.常绿的
　　　　　　　　　　　2.落叶的

三、藤本 （一）常绿的
　　　　　（二）落叶的

四、寄生植物 （一）寄生的
　　　　　　　（二）半寄生的

Ⅱ.半木本植物

五、半灌木和小半灌木 （一）半灌木
　　　　　　　　　　　（二）小半灌木

Ⅲ.草本植物

　　　　　　　甲.陆生的

六、多年生草本 （一）蕨类
　　　　　　　　（二）丛生草 1.密丛的 （1）禾草
　　　　　　　　　　　　　　　　　　　（2）苔草及蒿草
　　　　　　　　　　　　　　　　　　　（3）葱类
　　　　　　　　　　　　　 2.疏丛的 （1）禾草
　　　　　　　　　　　　　　　　　　　（2）苔草

（三）根茎草　1. 禾草
　　　　　　　2. 苔草
（四）直立茎杂类草
（五）蔓生茎杂类草
（六）莲座植物
（七）垫状草本植物
（八）草质藤本植物
（九）肉质草本植物

七、一年生草本　（一）一年生草本
　　　　　　　　（二）短命植物

乙. 水生的

八、水生草本　（一）挺水植物
　　　　　　　（二）浮叶植物
　　　　　　　（三）漂浮植物
　　　　　　　（四）沉水植物

Ⅳ. 叶状体植物

九、苔藓及地衣　（一）苔藓
　　　　　　　　（二）地衣

6.1.2　小兴安岭植被分类的单位和系统

本研究采用的主要分类单位有 4 级，即植被型组、植被型、群系、亚群系。

植被型组：为本分类系统的最高级单位。凡是建群种生活型相近，而且群落的形态外貌相似的植物群落联合为植被型组，如针叶林、阔叶林等。

植被型：为本分类系统中的重要高级分类单位。在植被型组内，把建群种生活型（一或二级）相同或近似，同时对水热条件生态关系一致的植物群落联合为植被型，如寒温性针叶林、落叶阔叶林等。

群系：为本分类系统中一个重要的中级分类单位。凡是建群种相同的植物群落联合为群系，如兴安落叶松林、蒙古栎林等。

亚群系：为群系的辅助单位。在生态幅度比较广的群系内，根据次优势层片或建群种的植物亚种及其所反映的生境条件的差异而划分亚群系，如兴安落叶松、白桦林等。

根据上述分类系统和各级分类单位的划分标准，将小兴安岭植被划分为 3 个植被型组，3 个植被型，12 个群系，16 个亚群系（表 6-1）。

小兴安岭森林生态系统除了上述天然群落外，还有由针叶树种和阔叶树种形成的大面积的人工群落，如落叶松人工林、红松人工林、云冷杉人工林、樟子松人工林、水曲柳人工林和山杨人工林等。这些人工林在小兴安森林生态系统的生态服务功能及经济价值方面也发挥着重要作用。

表 6-1   小兴安岭植被分类系统

Ⅰ * 针叶林
  （一）寒温带和温带山地针叶林 Cold-temperate and temperate mountains needleleaf forest
      1. 兴安落叶松林 *Larix gmelinii* forest
        1a. 兴安落叶松林 *Larix gmelinii* forest
        1b. 樟子松、兴安落叶松林 *Pinus sylvestris* var. *mongolica*，*Larix gmelinii* forest
        1c. 蒙古栎、兴安落叶松林 *Quercus mongolica*，*Larix gmelinii* forest
        1d. 白桦、兴安落叶松林 *Betula platyphylla*，*Larix gmelinii* forest
      2. 偃松矮曲林 *Pinus pumila* crawl forest
      3. 樟子松林 *Pinus sylvestris* var. *mongolica* forest
      4. 鱼鳞云杉林 *Picea jezoensis* forest
        4a. 鱼鳞云杉林 *Picea jezoensis* forest
        4b. 红皮云杉、臭冷杉、鱼鳞云杉林 *Picea koraiensis*，*Abies nephrolepis*，
          Picea jezoensis forest
Ⅱ 针阔叶混交林 Mixed needleleaf and broadleaf forest
  （二）温带针叶、落叶阔叶混交林 Temperate mixed needleleaf and broadleaf deciduous forest
      5. 落叶阔叶、红松混交林 Broadleaf deciduous and *Pinus koraiensis* mixed forest
        5a. 蒙古栎、红松林 *Quercus mongolica*，*Pinus koraiensis* forest
        5b. 椴树、红松林 *Tilia* spp.，*Pinus koraiensis* forest
        5c. 风桦、红松林 *Betula costata*，*Pinus koraiensis* forest
        5d. 水曲柳、春榆、红松林 *Fraxinus mandshurica*，*Fraxinus mandshurica*，
          Pinus koraiensis forest
Ⅲ 阔叶林 Broadleaf forest
  （三）温带落叶阔叶林 Temperate broadleaf deciduous forest
      6. 槭、椴林 *Acer*，*Tilia* forest
        6a. 色木槭、紫椴林 *Acer pictum*，*Tilia amurensis* forest
      7. 春榆、胡桃楸、水曲柳林 *Ulmus davidiana*，*Juglans mandshurica*，*Fraxinus mandshurica* forest
      8. 蒙古栎林 *Quercus mongolica* forest
        8a. 蒙古栎林 *Quercus mongolica* forest
        8b. 蒙古栎矮林 *Quercus mongolica* coppicewood
        8c. 蒙古栎、黑桦 *Quercus mongolica*，*Betula dahurica* forest
      9. 杨、柳、榆林 *Populus*，*Salix*，*Ulmus* forest
      10. 山杨林 *Populus davidiana* forest
      11. 白桦林 *Betula platyphylla* forest
        11a. 白桦林 *Betula platyphylla* forest
        11b. 山杨、白桦林 *Populus davidiana*，*Betula platyphylla* forest
      12. 岳桦矮曲林 *Betula ermanii* carwl forest

6.2 小兴安岭植被的区划

植被区划是在一定地段上依照植被类型及其地理分布的特征等划分出高、中、低各级植被组合单位。这些单位是彼此有区别但在内部具有相对一致性的植被地理区。各单位都具有一定的植被类型及其有规律的组合。

本研究采用的植被区划原则基本按照《中国植被及其地理格局》[139]的划分原则。

6.2.1 植被区划的原则和依据

6.2.1.1 植被区划的原则

根据植被地带性和非地带性规律进行植被区划应坚持以下三原则，植被区划的地带性原则，主导因素原则，自然发生原则。

植被类型是植被区划的主要依据；但类型分布和区划单位不同。因此，植被在空间分布的规律性——植被地理规律性乃是植被区域分异的基础和自然原则。区划必须显示出地区性的植被特点。

植被的地带性包括植被的水平地带性分布规律（经度地带性和纬度地带性），以及山地植被的垂直分布规律。

6.2.1.2 植被区划的依据

在植被分布地理规律性的总原则下，进行植被区划的具体依据则是植被类型及其组成者——植物种类区系成分，以及气候、地貌与土壤基质等。主要依据如下：

① 植被类型；
② 组成植被类型的植物区系；
③ 生态因素。

6.2.2 植被区划的单位

根据前述植被区划的原则和依据，可按照先地带性、后非地带性，先水平地带性、后垂直地带性，先高级植被分类单位、后低级植被分类单位，先大气候（水热条件）、后地貌基质……的顺序，划分为下列由高而低的各级植被区划单位：

植被区域——植被地带——植被区——植被小区。

各级单位还可以划分为亚级，如亚区域、亚地带等。

6.2.3 水平地带植被区划

在全国植被区划上，小兴安岭属于温带针阔混交林区的最北部。根据上述植被区划原则和依据《中国植被及其地理格局》，小兴安岭地区属于温带针叶、落叶阔叶混交林区域以及温带北部针叶、落叶阔叶混交林地带的小兴安岭红松、落叶阔叶混交林区。结合我们3年对整个小兴安岭林区的实地调查，我们认为由于小兴安岭山脉为西北-东南走向和小兴安岭主脉（南北坡分水岭）的阻隔作用，致使小兴安岭北坡的水热资源较少，尤其是西北部的干燥度较高，植物组成深受大兴安岭东西伯利亚区系成分影响，组成与北坡东部有较明显差异，而南坡受海洋气团影响较大，水热资源比较丰富，喜温树种增多。因此将该区水平地带性植被划分3个小区（表6-2）[124]是合理的。

表6-2 小兴安岭植被区划

Ⅰ温带针叶、落叶阔叶混交林区域
 Ⅰi温带北部针叶、落叶阔叶混交林地带
  Ⅰi-1小兴安岭红松、落叶阔叶混交林区
   Ⅰi-1a逊河流域丘陵谷地蒙古栎、兴安落叶松、红松混交林小区
   Ⅰi-1b小兴安岭北部红松、兴安落叶松、白桦混交林小区
   Ⅰi-1c小兴安岭南部阔叶、红松混交林小区

6.2.4 小兴安岭植被的垂直地带性

本区植被分布随着海拔高度的变化有着较明显的垂直分布带，尤以纬度较低，海拔相对不高，因此表现得就不完整，共可区划为3个带4个亚带。

6.2.4.1 亚高山矮曲林带

本垂直带仅分散分布在个别高峰，成为本亚地带森林上限，此垂直带本区分布于海拔1100m以上。

6.2.4.2 山地寒温性针叶林带

此垂直带在小兴安岭分布于海拔700～1100m之间。

（1）山地上部寒温性常绿针叶林亚带

此亚带小兴安岭分布在海拔800～1100m之间。其地带性植被为云杉、冷杉林，其主要组成是以云杉属的鱼鳞云杉为主，其次为红皮云杉和冷杉属的臭冷杉，间或伴生极少的阔叶树种——花楸和乔木状的岳桦。

（2）山地下部寒温性常绿针叶林亚带

此亚带在小兴安岭分布在海拔700～800m之间。其地带性植被为红松、云杉、冷杉等。

6.2.4.3　山地温带针叶、落叶阔叶混交林带

山地针叶阔叶混交林带为本亚地带的基带，在小兴安岭分布于海拔700m。本带可分为2个亚带，下部为温性针叶落叶阔叶混交林亚带，上部为山地温性针叶落叶阔叶混交林亚带。本研究采用植被型组、植被型、群系和亚群系四级分类单位。根据小兴安岭植被特点，将小兴安岭植被划分为3个植被型组，3个植被型，12个群系，16个亚群系。植被区划将小兴安岭划分为一个植被区域，即温带针叶、落叶阔叶混交林区域；一个植被地带，即温带北部针叶、落叶阔叶混交林地带；一个植被区，即小兴安岭红松、落叶阔叶混交林区；3个植被小区，即逊河流域丘陵谷地蒙古栎、兴安落叶松、红松混交林小区；小兴安岭北部红松、兴安落叶松、白桦混交林小区；小兴安岭南部阔叶、红松混交林小区。

本研究对小兴安岭植被的分类系统和植被区划基本参照《中国植被及其地理格局》[139]制定，而没有沿用《中国小兴安岭植被》[92]是基于3年的实地调查资料考虑。在所调查的297个群落的10692个乔木样方、2970个灌木样方和2970个草本样方中，分类单位中群丛一级区分不是很明显，因此本研究分类系统比较简化，只到亚群系一级。对小兴安岭的植被区划在考虑小兴安岭南、北部（坡）的植被组成和水热差别外，同时考虑了北部（坡）地带东、西两个区域的植被组成和水热方面较明显的差别，因此，将小兴安岭森林植被划分为3个小区。

7

小兴安岭森林生态系统服务功能价值

森林生态系统服务功能是指森林生态系统与生态过程所形成及所维持的人类赖以生存的自然环境条件与效用[140]。

自 Constanza 等在世界上率先以货币形式对全球生物圈生态系统服务价值进行估算以后[141-145]，生态价值评估进入到一个新的阶段。分析与评价生态系统服务功能的价值已成为当前生态学研究的前沿课题[146]。森林生态系统是陆地生态系统中群落结构最复杂、生物产量最大、生物多样性最丰富、生态功能最齐全的自然生态系统，它发挥着诸多的生态、社会、经济功能，在维持生态系统平衡、调节气候和保护生物多样性等方面发挥着巨大的作用。主要包括森林在涵养水源、保育水土、固碳释氧、积累营养物质、净化大气环境、森林防护、生物多样性保护等方面提供的生态服务功能[147,148]。通过对小兴安岭林区生态系统服务功能的价值评估，可以揭示各类生态系统的最大生态服务功能，为森林生态系统管理、植被恢复与重建技术的制定等提供科学参考。因此，积极开展森林生态系统的生态服务功能价值评估就显得尤为重要。

小兴安岭林区的地带性植被为温带针阔叶混交林，并伴有处于各种演替阶段的次生森林植被和人工森林植被，是我国的重点林区之一，在中国乃至全球森林生态系统和生物多样性保护中都具有重要的地位和作用。然而，到目前为止，尚未进行该地区的森林生态系统服务功能的价值评估。因此，对小兴安岭林区森林生态系统生态服务功能价值进行系统评估，旨在揭示北温带针阔混交林生态系统服务功能价值，为生物多样性保护与管理、自然资源与环境因素纳入国民经济核算体系、实现绿色 GDP 等方面提供基础资料和理论依据，为我国可持续发展政策的制定与生态环境保护提供科学依据[149-153]。本文通过野外观测，结合已有的相关定位研究资料，仅对小兴安岭区域的两大主要林区（伊春和黑河林区）进行森林生态系统生态服务功能的价值进行评估，主要原因是除这两大林区外，小兴安岭的其他周边地区均为农田和森林的交错地带，其森林生态系统的生态服务功能价值就大大地被削弱了，并且伊春林区和黑河林区的森林总面积占据了小兴安岭林区的90%以上[154]（见表7-1），因此足以体现小兴安岭林区森林生态系统的生态服务功能价值。

表 7-1　小兴安岭黑河、伊春林区有林地面积　　　　　　单位：万公顷

地区	原始林面积	次生林面积	人工林面积	有林地面积
伊春林区	2.09	269.88	34.71	304.59
黑河林区	—	180.49	4.67	185.16
合计	2.09	450.37	39.38	489.75

本项研究综合运用生态学、经济学理论和方法（如影子工程法、碳税法、价格替代法、市场价值法等），以野外实地调查结果为基础，结合小兴安岭森林生态系统定位研究成果、现有定位研究数据资料，依据中华人民共和国林业行业标准《森林生态系统服务功能评估规范》（LY/T 1721—2008），定量分析和评估小兴安岭地区森林生态系统的涵养水源、保育土壤、固碳制氧、营养积累、净化环境和生物多样性保护等6项主要功能的物质量及其价值量。价格参数选用国家权威部门发布的社会公共数据，如：降尘清理费采用国家发展与改革委员会等四部委2003年第31号令《排污费征收标准管理办法》中一般性粉尘排污费收费标准0.15元/kg；氧气价格采用中华人民共和国国家卫生健康委员会规定的氧气平均价格，为1000元/t等。

7.1　涵养水源

水源涵养功能主要指森林生态系统对大气降水的调节作用（截留、吸收和贮存）。根据其监测和评估的特点，可划分为2个指标（调节水量和净化水质）。

（1）调节水量价值

森林调节水量的计算我们用林冠截留量、凋落物层的持水量和森林土壤层增加的枯水期总水量之和来计量[131]。

根据水库工程的蓄水成本（影子工程法）来确定，其公式如下：

$$U_{调} = C_{库}(C_i + L_h + S_c) \tag{7-1}$$

式中　$U_调$——森林调节水量价值，元；

　　　$C_库$——水库库容造价，元/m³；

　　　C_i——林冠总截流量，m³/a；

　　　L_h——凋落物层有效吸水量，m³/a；

　　　S_c——土壤层枯水期增加的总水量，m³/a。

$$S_c = NPC \cdot S_t \cdot 10^4 \cdot S_a \tag{7-2}$$

式中　NPC——森林土壤非毛管孔隙度；

　　　S_t——土层厚度，m；

　　　S_a——有林地面积，hm²。

（2）净化水质价值

森林生态系统年净化水质价值采用网格法得出全国城市居民用水平均价格计算，公式如下：

$$U_水质 = K_水 (C_i + L_h + S_c) \tag{7-3}$$

式中　$U_水质$——森林年净化水质价值，元；

　　　$K_水$——居民用水平均价格，元/t。

7.2　保育土壤

森林的存在，特别是森林中活地被层和凋落物层的存在，使降水被层层截留并基本消除了水滴对表土的冲击和侵蚀。森林保育土壤的功能包括森林固土和森林保肥两方面。

（1）森林固土价值

森林固土作用可根据蓄水成本，采用减少淤积泥沙的方法进行计算，公式如下：

$$U_固土 = AC_库 (X_2 - X_1)/\rho \tag{7-4}$$

式中　$U_固土$——森林年固土价值，元；

　　　X_1——林地土壤年侵蚀模数，t/hm²；

　　　X_2——无林地土壤年侵蚀模数，t/hm²；

　　　A——林分面积，hm²；

ρ——泥沙的平均容重，t/m^3；

$C_库$——水库库容造价，元/m^3。

（2）森林保肥价值

$$U_肥 = A(X_2 - X_1)(NC_1/R_1 + PC_1/R_2 + KC_2/R_3 + MC_3) \tag{7-5}$$

式中　　　$U_肥$——森林年保肥价值，元；

　N、P、K——土壤 N、P、K 的平均含量，%；

　　　　　M——土壤有机质平均含量，%；

　　　　　R_1——磷酸二铵含 N 量，%；

　　　　　R_2——磷酸二铵含 P 量，%；

　　　　　R_3——氯化钾含 K 量，%；

C_1、C_2、C_3——磷酸二铵、氯化钾和有机质的平均价格，元/t。

7.3　固碳制氧

　　森林生态系统是地球陆地生态系统的主体，是陆地碳的主要储存库。森林对现在及未来的气候变化和碳平衡都具有重要影响。

　　（1）固碳价值

　　根据光合作用化学方程式，森林植被每积累 1g 干物质可以固定 1.63 g CO_2、释放 1.19 g O_2，而 CO_2 中 C 的比例为 27.27%。森林植被和土壤固碳价值的计算公式为：

$$U_碳 = AC_碳(0.4445B_年 + F_{土壤碳}) \tag{7-6}$$

式中　　　$U_碳$——林分的年固碳价值，元；

　　　　　$B_年$——林分的年净生产力，t/hm^2；

　　　　　$C_碳$——固碳价格，元/t；

　　　0.4445——1.63 与 27.27% 的乘积；

　　$F_{土壤碳}$——单位面积森林土壤的年固碳量，t/hm^2；

　　　　　A——林分面积，hm^2。

　　（2）释放氧气价值

$$U_氧 = 1.19C_氧 AB_年 \tag{7-7}$$

式中 $U_{氧}$——林分的年制氧价值，元；

$B_{年}$——林分的年净生产力，t/hm^2；

$C_{氧}$——氧气价格，元/t；

A——林分面积，hm^2。

7.4 营养积累

森林植被在其生长过程中不断地从周围环境中吸收 N、P、K 等营养物质，并贮存在各器官中，本研究仅选取林木营养物质（N、P、K）积累指标来反映此项功能。其计算公式如下：

$$U_{营养} = AB_{年}(N_{营养}C_1/R_1 + P_{营养}C_1/R_2 + K_{营养}C_2/R_3) \tag{7-8}$$

式中 $U_{营养}$——林分年营养物质积累价值，元；

$N_{营养}$、$P_{营养}$、$K_{营养}$——林木的 N、P、K 含量，%；

R_1——磷酸二铵含 N 量，%；

R_2——磷酸二铵含 P 量，%；

R_3——氯化钾含 K 量，%；

C_1、C_2——磷酸二铵和氯化钾的价格，元/t；

$B_{年}$——林分的年净生产力，t/hm^2；

A——林分面积，hm^2。

7.5 净化环境

（1）吸收二氧化硫价值

森林的二氧化硫年吸收量由森林生态站直接测定获得，森林年吸收二氧化硫的总价值（$U_{二氧化硫}$，元）公式如下：

$$U_{二氧化硫} = K_{二氧化硫} \, Q_{二氧化硫} \, A \tag{7-9}$$

式中　$K_{二氧化硫}$——二氧化硫的治理费用，元/kg；

　　　$Q_{二氧化硫}$——单位面积森林的二氧化硫年吸收量，kg/hm²；

　　　A——林分面积，hm²。

（2）阻滞降尘价值

森林年阻滞降尘量由森林生态站直接测定获得，森林植被年阻滞降尘价值（$U_{滞尘}$，元）的公式如下：

$$U_{滞尘} = K_{滞尘} \, Q_{滞尘} \, A \tag{7-10}$$

式中　$K_{滞尘}$——降尘清理费用，元/kg；

　　　$Q_{滞尘}$——单位面积森林的年滞尘量，kg/hm²；

　　　A——林分面积，hm²。

（3）提供负离子价值

有研究证明，当空气中负离子达到 600 个/m³ 以上时，才能有益人体健康。本研究中林分年提供负离子价值（$U_{负离子}$，元）的公式如下：

$$U_{负离子} = 5.256 \times 10^{15} \times A H K_{负离子} (Q_{负离子} - 600)/L \tag{7-11}$$

式中　$U_{负离子}$——林分年提供负离子价值，元/a；

　　　$K_{负离子}$——负离子生产费用，元/个；

　　　$Q_{负离子}$——林分负离子浓度，个/m³；

　　　L——负离子寿命，min；

　　　H——林分高度，m；

　　　A——林分面积，hm²。

7.6　生物多样性保护

生物多样性指生物及其环境所形成的生态复合体及与此相关的各种生态过程的总和，它是人类社会生存和可持续发展的基础。森林生态系统的年生物物种资源保护价值（$U_{生物}$，元）的公式如下：

$$U_{生物} = S_{生} \, A \tag{7-12}$$

式中　$S_{生}$——单位面积森林年生物物种资源保护价值，元/hm²；

A——林分面积，hm^2。

生物多样性保护价值根据 Shannon-Wiener 指数计算（国家林业局，2008），共划分为 7 级：当指数≤1 时，$S_生$ 为 3000 元/($a \cdot hm^2$)；当 1≤指数<2 时，$S_生$ 为 5000 元/($a \cdot hm^2$)；当 2≤指数<3 时，$S_生$ 为 10000 元/($a \cdot hm^2$)；当 3≤指数<4 时，$S_生$ 为 20000 元/($a \cdot hm^2$)；当 4≤指数<5 时，$S_生$ 为 30000 元/($a \cdot hm^2$)；当 5≤指数<6 时，$S_生$ 为 40000 元/($a \cdot hm^2$)；当指数≥6 时，$S_生$ 为 50000 元/($a \cdot hm^2$)。

运用以上研究方法，定量分析和评估小兴安岭林区生态系统的涵养水源、保育土壤、固碳制氧、营养积累、净化环境和生物多样性保护 6 项主要功能的 11 个指标，得出小兴安岭林区森林生态系统的生态服务功能中，涵养水源的总量 1092703.50 万 m^3/a，固土能力 4918400.00 万 m^3/a，年固碳量 2496.88 万 t/a，年释放 O_2 的总量 6684.55 万 t/a，年积累营养物质总量 243764.59 万 t/a，年吸收 SO_2 量 74.82 万 t/a，年削减粉尘量 10653.25 万 t/a，年提供负离子总计 1.62×10^{28} 个/a。小兴安岭林区森林生态系统生态功能的总经济价值 10565.68 亿元/a，其中，涵养水源价值 1017.38 亿元/a，保育土壤的总价值 7221.36 亿元/a，固定 CO_2 与释放 O_2 的价值 920.67 亿元/a，积累营养物质价值 45.61 亿元/a，净化环境功能总价值 1113.69 亿元/a，维持生物多样性功能的价值 246.97 亿元/a。单位面积价值 21.48 万元/($a \cdot hm^2$)。按各项生态功能价值的大小顺序依次排序为：森林年保育土壤的价值>净化大气的价值>涵养水源的价值>固定 CO_2 和释放 O_2 的价值>维护生物多样性的价值>积累营养物质的价值（详见 8.1 的内容）。

森林生态系统功能应用

8.1 森林生态系统服务功能利用

8.1.1 森林涵养水源的功能与价值

森林的水源涵养功能主要指森林生态系统对大气降水的调节作用，根据其监测和评估的特点，可划分为 2 个指标，即调节水量功能和净化水质功能。

（1）调节水量

① 林冠截留　根据小兴安岭林区的年平均降雨量为 625mm，原始红松林的平均林冠截留率为 25.13%，白桦林（次生林）的平均林冠截留率为 25.9%，人工林的平均林冠截留为 19.9%。可以得到小兴安岭林区林冠截留总量 781297.92 万 m^3/a（详见表 8-1）。

② 凋落物有效吸水量　根据原始林凋落物平均有效吸水量为 25.74t/hm²，次生林凋落物平均有效吸水量为 27.54t/hm²，人工林凋落物平均有效吸水量为 22.69t/hm²。可以得到小兴安岭林区凋落物层的总持水量 13350.55 万 m^3/a（表 8-2）。

表 8-1　小兴安岭各林分林冠截留量　　　　单位：万 m^3/a

地区	原始林	次生林	人工林	总截留量
伊春林区	3282.61	436868.25	43170.56	483321.42

地区	原始林	次生林	人工林	总截留量
黑河林区	—	292168.19	5808.31	297976.50
合计	3282.61	729036.44	48978.87	781297.92

表 8-2　小兴安岭各林分凋落物有效吸水量　　　　单位：万 m^3/a

地区	原始林	次生林	人工林	总有效吸水量
伊春林区	53.80	7432.50	787.60	8273.90
黑河林区	—	4970.69	105.96	5076.65
合计	53.80	12403.19	893.56	13350.55

③ 森林土壤层增加的枯水期总水量　我们对小兴安岭林区 12 个典型土壤样地进行了测定，其土壤层平均厚度为 50cm，土壤容重为 1.12g/cm³，平均非毛管孔隙度为 12.12%。根据公式（7-2）计算得出森林土壤层增加的枯水期总水量 298055.04 万 m^3/a。

根据公式（7-1），上述 3 项（林冠截留总量、凋落物层的总持水量和土壤层增加的枯水期总水量）合计，得到小兴安岭林区森林涵养水源的总量 1092703.51 万 m^3/a，按照我国近年水库工程成本费 6.1107 元/m^3（国家林业和草原局，《森林生态系统服务功能评估规范》）计算，总调节水量的价值 667.72 亿元/a。

（2）净化水质

由以上计算得到小兴安岭林区森林涵养水源的总量 1092703.51 万 m^3/a，按照我国 2021 年大中城市的居民用水价格的平均值 3.20 元/吨，根据公式（7-3）计算得出，小兴安岭林区森林净化水质的价值 349.67 亿元/a。

由上述 2 项（调节水量和净化水质）合计，得出小兴安岭林区森林涵养水源的价值 1017.38 亿元/a。

8.1.2　森林保育土壤的价值

（1）森林固土价值

研究区域无林地土壤的侵蚀模数为 64t/hm²，有林地土壤侵蚀模数为 0t/hm²，林地土壤平均容重为 0.64g/cm³，挖取和运输单位体积土方所需费用为 12.6 元/m^3，根据公式（7-4）计算得出小兴安岭林区森林的固土能力 4918400.00 万 m^3/a，其经济价值 6197.18 亿元/a。

（2）森林保肥价值

依据中国农业农村部中国农业信息网 2021 年发布的最新数据，磷酸二铵、氯化钾和有机质的平均价格分别为 3410 元/t、2980 元/t 和 320 元/t。在磷酸二铵化肥中含氮量为 14%，含磷量为 15.01%；氯化钾中含钾量为 50%。由野外调查的土壤样品测定了土壤中氮、磷、钾的百分比含量（见表 8-3）。根据公式（7-5）计算得出，小兴安岭林区年保肥价值 1024.18 亿元/a。

表 8-3　小兴安岭各林分土壤营养元素含量　　　　　　　　单位：%

林分起源	氮	磷	钾	有机质
原始林	0.31	0.05	2.65	7.64
次生林	0.46	0.05	2.86	11.52
人工林	0.26	0.04	2.94	6.98

注：原始林 N、P、K 的含量为阔叶红松林的平均值；次生林 N、P、K 的含量为白桦次生林的平均值；人工林的 N、P、K 含量为人工红松林和人工落叶松的平均值。

因此，由固土价值和保肥价值两项的和可以得到小兴安岭林区森林保育土壤的总价值为 7221.36 亿元/a。

8.1.3　森林固定 CO_2 与释放 O_2 的价值

（1）CO_2 的固定量及价值

根据小兴安岭林区各主要植被类型单位面积的林分生产力，可计算出本区森林生态系统固定 CO_2 的总量为 9156.15 万 t/a；再根据 CO_2 的分子式和分子量（$C/CO_2 = 0.2729$），计算出折合纯碳量，得出小兴安岭林区森林年固碳量 2496.88 万 t/a（见表 8-4）。

表 8-4　小兴安岭森林生态系统固定 CO_2、释放 O_2 量与经济价值

林分起源	林分生产力 /(t·hm^{-2}·a^{-1})	面积 /万 hm^2	总生长量 /(万 t/a)	固定 CO_2 量 /(万 t/a)	释放 O_2 量 /(万 t/a)	折合纯碳 /(万 t/a)	固碳效益 /(亿元/a)	释放 O_2 效益 /(亿元/a)
原始林	8.01	2.09	16.74	27.29	19.92	7.44	0.69	1.99
次生林	11.22	450.37	5053.15	8236.63	6013.25	2246.13	208.89	601.33
人工林	13.90	39.38	547.38	892.23	651.38	243.31	22.63	65.14
合计		491.84	5617.27	9156.15	6684.55	2496.88	232.21	688.46

注：原始林"林分生产力"为阔叶红松林的生产力；次生林"林分生产力"为蒙古栎林、山杨林、杂木林、硬阔叶林和白桦林的平均值；人工林"林分生产力"为人工红松和落叶松林的平均值。

计算森林固定 CO_2 的经济价值，采用目前在国际上应用较为广泛的碳税法。即根据政府为限制向大气中排放 CO_2 而征收的税费标准，计算森林固定 CO_2 的经济价值。目前，瑞典的碳税率得到较多人的认可，即 0.15 美元/kg C。2021 年美元对人民币的汇率为 6.20，折合人民币为 930 元/t。根据公式（7-6），可计算出小

兴安岭林区森林生态系统的固碳价值 232.21 亿元/a（表 8-4）。

（2） O_2 的释放量及价值

用上述计算森林固定 CO_2 数量的方法，可计算出小兴安岭林区森林生态系统每年释放 O_2 的总量 6684.55 万 t/a（表 8-4）。采用价格替代法，依据中华人民共和国国家卫生健康委员会网站，2021 年春季氧气平均价 1 元/kg 计算，根据公式（7-7）计算得出，小兴安岭林区森林每年释放 O_2 的经济价值 688.46 亿元/a（见表 8-4）。

由上述两项价值（固定 CO_2 的价值和释放 O_2 的价值），可以得到小兴安岭林区固碳释氧总价值 920.67 亿元/a。

8.1.4 积累营养物质价值

依据公式（7-8）计算得出小兴安岭林区森林生态系统年积累营养物质总量 243764.59 万 t/a，经济价值 45.61 亿元/a。各森林类型具体参数见表（8-5）。

表 8-5 小兴安岭森林生态系统的营养物质积累价值

林分起源	面积/万 hm²	林分净积累营养物质/(t/a)						营养物质总量/(t/a)	总价值/(亿元/a)
		N		P		K			
		kg/(hm²·a)	t/a	kg/(hm²·a)	t/a	kg/(hm²·a)	t/a		
原始林	2.09	9.05	189.15	1.25	26.13	6.55	136.90	352.18	0.06
次生林	450.37	29.20	131508.04	6.79	30580.12	14.94	67285.28	229373.44	42.99
人工林	39.38	19.46	7663.04	4.74	1866.61	11.45	4509.01	14038.97	2.56
合计	491.84		139360.54		32472.86		71931.19	243764.59	45.61

注：化肥价格采用农业农村部《中国农业信息网》2021 年春季平均价格。磷酸二铵含氮量为 14.0%，磷酸二铵含磷量为 15.01%，氯化钾含钾量为 50.0%；磷酸二铵化肥价格为 3410 元/t，氯化钾化肥价格为 2980 元/t。

8.1.5 净化大气环境的价值

（1）森林吸收污染物 SO_2 的价值

据《中国生物多样性国情研究报告》[155]，阔叶林对 SO_2 的吸收能力为 88.65kg/(hm²·a)，针叶林的吸收能力为 215.60kg/(hm²·a)，平均值为 152.13kg/(hm²·a)；削减 SO_2 的成本为 1200 元/t（国家林业和草原局发布的《森林生态系统服务功能评估规范》）。根据公式（7-9），可计算出小兴安岭林区森林每年吸收 SO_2 量 74.82 万 t/a。年吸收 SO_2 的价值 8.98 亿元/a。

（2）森林滞尘的价值

据《中国生物多样性国情研究报告》[155]，针叶林的滞尘能力为 33.2t/(hm² · a)，阔叶林的滞尘能力为 10.11t/(hm² · a)，平均值为 21.66t/(hm² · a)；削减粉尘的成本为 150 元/t[140]。根据公式（7-10）可计算出，小兴安岭林区森林生态系统年削减粉尘量 10653.25 万 t/a，年削除粉尘的价值 159.80 亿元/a。

（3）提供负离子价值

负离子对人体健康具有重要作用，被称为"空气中的维生素"，据测定该地区森林生态系统中负离子浓度峰值达到 21 万个/(m³ · 10min)，林分平均高度为 30m，根据台州科利达电子有限公司的 KLD22000 型负离子发生器推算获得生产负离子的费用 5.8185 元/10¹⁸ 个[140]。根据公式（7-11）计算得出小兴安岭林区森林生态系统每年提供负离子总计 1.62×10²⁸ 个/a，总价值 944.91 亿元/a。

用上述 3 项森林吸收污染物 SO_2 的价值、森林滞尘的价值和提供负离子价值之和代表森林生态系统净化环境功能价值，得出小兴安岭林区森林生态系统净化环境功能总价值 1113.69 亿元/a。

8.1.6　森林维持生物多样性功能的价值

小兴安岭林区有林地面积为 491.84 万 hm²，由第五章的内容得到原始林 Shannon-Wiener 指数乔木、灌木和草本层的平均值为 2；次生林 Shannon-Wiener 指数乔木层、灌木层和草本层的平均值为 1.73；人工林的 Shannon-Wiener 指数乔木层、灌木层和草本层的平均值为 1.38。依据林业行业标准，我们分别采用 Shannon-Wiener 指数的"2≤指数＜3"（10000 元/a · hm²）和"1≤指数＜2"（5000 元/a · hm²）等级标准，根据公式（7-12）计算得出，小兴安岭林区森林生态系统维持生物多样性功能的价值为 246.97 亿元/a。

定量分析和评估小兴安岭林区生态系统的涵养水源、保育土壤、固碳制氧、营养积累、净化环境和生物多样性保护 6 项主要功能的 11 个指标，得出小兴安岭林区森林生态系统的生态服务功能中，涵养水源的总量 1092703.50 万 m³/a，固土能力 4918400.00 万 m³/a，年固碳量 2496.88 万 t/a，年释放 O_2 的总量 6684.55 万 t/a，年积累营养物质总量 243764.59 万 t/a，年吸收 SO_2 量 74.82 万 t/a，年削减粉尘量 10653.25 万 t/a，年提供负离子总计 1.62×10²⁸ 个/a。小兴安岭林区森林生态系统生态功能的总经济价值 10565.68 亿元/a，其中，涵养水源价值 1017.38 亿元/a，保育土壤的总价值 7221.36 亿元/a，固定 CO_2 与释放 O_2 的价值 920.67 亿元/a，积累营养物质价值 45.61 亿元/a，净化环境功能总价值 1113.69 亿元/a，维持生物多样性功能的价值 246.97 亿元/a。单位面积价值 21.48 万元/(a·hm²)。按各项生态功能价值的大小顺序依次排序为：森林年保育土壤的价值＞净化大气的价值＞涵养水源的价值＞固定 CO_2 和释放 O_2 的价值＞维护生物多样性的价值＞积累营养物质的价值。

森林生态系统服务功能是森林生态系统与生态过程所形成及维持的人类赖以生存的自然环境条件与效用。不同的生态系统类型，由于其具有组成、功能与结构及环境条件的差别，其各项生态功能及其价值所占的比例有所不同。小兴安岭林区森林生态系统中，森林年保育土壤的价值、净化大气的价值及涵养水源的价值占总生态系统服务功能价值的 88.52%，其中保育土壤的价值占总价值的 68.35%，净化大气的价值占总价值的 10.54%，涵养水源的价值占总价值的 9.63%，而固定 CO_2 和释放 O_2 的价值占总价值的 8.71%，维护生物多样性的价值占总价值的 2.34%，积累营养物质价值占总价值的 0.43%（见图 8-1）。由以上可以看出，保育土壤的价值较高，这可能主要与该地区的暗棕色森林土类型有关，其土壤肥沃、土壤中有机质、氮磷钾含量均较高。虽然积累营养物质的价值占总价值的比例只有 0.43%，但是也并非意味着积累营养物质的价值不重要，可以忽视。这可能是选取的估算指标和公式的差异造成的。据 2010 年由"中国森林生态系统服务功能评估"项目组估算得到黑龙江省的森林生态系统服务功能总价值为 8579.18 亿元/a[125]，而本文仅对小兴安岭的森林生态系统生态服务功能进行了评估，却高于整个黑龙江省的总价值。造成这一现象的原因是多重的。其一，单价的确定依据可能因为社会、经济环境的变化而变化，而使不同年份或者地区货币量的结果出现较大的差异；其二，本文的涵养水源价值与《森林生态系统服务功能评估规范》中选取的公式与指标完全不同，并且在具体的估算中本文还将小兴安岭林区按各森林类型进行统计与估算；其三，由于森林生态系统生态服务功能价值的得出经过层层估算，并且在具体的有林地面积，各森林类型的生物量、生产力以及土壤中营养元素含量等指标上存在着差异，因此精度会受到一定的影响，这也是导致各类型生态系统生态服务功能价值估算结果差异较大的主要原因之一。但是总体来说，采用本文的估算方法是可以直接反映出小兴安岭林区森林生态系统服务功能的货币价值的，并且具有可行性与可操作性。

目前，生态系统服务功能的价值评估已成为当前生态学与生态经济学研究的前沿课题[156,157]。对于森林生态系统服务功能价值评估的研究报道基本上都参考了 Costanza 等的研究方法[141,158-160]。但是在具体的指标、参数的选用上，由于各种原因，仍不统一。这在很大程度上影响了各研究结果的可比性。更重要的是，评价参数的选择的差异可能导致结论的偏差[161]，因此建立和完善生态系统服务功能价值的评估标准显得尤为重要。我国关于生态系统服务功能价值评估的研究起步较晚，但由于国家的重视，科研人员不断探索，也取得了一些成果。国家林业局于 2008 年以中华人民共和国林业行业标准的形式颁发了《森林生态系统服务功能评估规范》，该规范的颁布，为今后的森林生态系统服务功能评价提供了指标体系的参考，对于规范评估森林生态系统的服务功能价值具有重要的指导意义，必将极大地推动我国该领域的研究进程。由于小兴安岭林区森林生态系统的生态功能价值类型复杂而多样以及某些数据资料的限制，本文仅评价了该区森林生态系统生态服务功能价值中的 6 项主要功能，对吸收大气中其他有害污染物等方面的功能、森林防护、消减噪声与森林游憩的功能均未进行评估；其次小兴安岭林区还拥有大面积的湿地和灌丛，而本研究只是对小兴安岭林区的森林生态系统的服务功能价值进行评估；另外本研究只对小兴安岭的两大主要林区伊春林区和黑河林区的森林生态系统服务功能价值进行了评估。因此，本研究仍是不完全的保守估计，今后应继续全面地开展小兴安岭森林生态系统生态服务功能价值评估方面的深入研究，进一步完善研究方法与评估手段，科学、深入分析各类生态系统的服务功能及其价值。

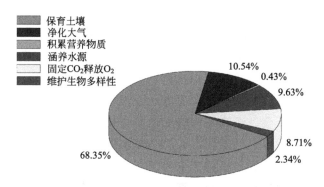

图 8-1　小兴安岭森林生态系统服务功能价值结构

8.2　森林生态系统经营与利用

　　森林面积较大，所含物种种类繁多，且不断地发生变化，人们要想经营管理好森林生态系统，与自然和谐相处，使森林更好地为人服务，就必须了解森林。
　　小兴安岭水平地带性植被是以红松为建群种的针阔混交林——阔叶红松林，是小兴安岭林区最典型和最稳定的植被类型。针阔混交林在不同时期已遭到大面积采伐和破坏，形成各种次生林，并由破坏程度、持续时间及环境条件等分异形成了不同的演替系列，林区形成了大量的次生林和少量的过熟林。天然林保护工程实施以来，虽然森林生态系统得到有效的恢复和提升，但森林生态系统整体质量不高，生态功能依旧薄弱。其中硬阔叶林是阔叶红松林破坏后所形成的次生林，在一些地区成为杨桦林向阔叶红松林恢复的中间途径，具有广泛的代表性。次生硬阔叶林稳定性小，尤其是那些由硬阔叶树形成的纯林更是生长速度慢、更新不良、结构不合理，必须采取有效的恢复途径，减缓退化，实现可持续经营。杨桦林是最典型的次生软阔叶林，具有十分广泛的分布，杨树和桦树都是生长速度快的强阳性树种，阔叶红松林一经破坏，它们首先占据采伐和火烧迹地，迅速成林。然而，这些树种材质不良，群落结构单一，生产力低下，极易被其他树种所代替，所以要迅速调整杨桦林结构，采取恢复和重建措施，发展阔叶红松林。非地带性植被云冷杉林和落叶松林等采取维持措施，保证生态系统的稳定与平衡。因此，应维持天然针阔混交林群落的多样性和物种的多样性，维持丰富的生物资源，从而维持整个小兴安岭林区森林生物的稳定性和安全性[162]。

8.3 植物物种多样性保护与利用

全球性植物物种多样性保护与利用正逐步走向高质量发展，拥有丰富的植物物种资源已成为夺取生物科技制高点的关键，小兴安岭林区是我国重要的林区之一，因此开展该林区种子植物多样性保护与利用的研究具有重要意义。

8.3.1 植物物种多样性保护状况

由本文第 4 章和第 5 章的 5.1.1 可知以下小兴安岭林区种子植物植物区系的基本组成和特点，以及各大类森林类型群落物种丰富度的状况：

（1）小兴安岭种子植物区系的基本组成

根据 3 年的小兴安岭森林植物种质资源专项调查记录和植物标本鉴定统计，小兴安岭区域共有种子植物 95 科 389 属 1037 种（含 80 个变种，25 个变型），分别占中国种子植物科、属、种数的 27.70％、12.35％和 3.39％，占黑龙江省种子植物科、属、种数的 92.23％、64.09％和 63.23％。新记录了 1 个变种：中国扁蕾，

2个变型：白花掌叶白头翁和白花刺蔷薇。

（2）小兴安岭种子植物科的多样性

小兴安岭种子植物主要集中于菊科、禾本科、莎草科、毛茛科、蔷薇科（5科含121属407种）等一些世界性大科中，其中菊科植物达125种。同时，本地区内含1种和2～5种的科较多，反映出小兴安岭种子植物大科少，而小科较多的特点。体现出第四纪冰期过后，有些科的种、属在本区只有少量残留。本区共有优势科15个，共248属670种，分别占全区科、属、种数的15.79%、63.75%和64.61%，显示出本区植物区系组成具有明显的优势化特点。本区有木本植物优势科15个，共46属144种，分别占全区种子植物科、属、种数的15.79%、11.83%和13.90%。木本植物虽然比例不高，但确是组成小兴安岭各森林群落的优势树种、伴生树种和灌木层的主要树种，在群落组成中具有重要地位。

（3）小兴安岭种子植物属的多样性

薹草属在小兴安岭种子植物中为第一大属（含50余种）。本区种子植物中含20种以上的少数大属（薹草属、柳属、萹蓄属、蒿属，含120种）比较发达；中、小属丰富，所含的种数相对较少，表明本区种子植物属呈现出向两极分化的特点；本区具有较多的寡种属和单种属，反映出种子植物较丰富的物种多样性和复杂性。本区优势属中的柳属、蒿属、委陵菜属、风毛菊属等均为北温带的属，明显反映出北温带成分在本区高度发达的特点。

（4）小兴安岭种子植物科的分布区类型

根据世界种子植物科的分布区类型系统，小兴安岭种子植物科的分布区类型共有7个，包括世界分布、北温带分布、泛热带分布、东亚和北美间断分布、旧世界温带分布、东亚（热带、亚热带）及热带南美间断分布和东亚分布类型。世界分布、北温带分布和泛热带分布区类型占本区种子植物所有分布区类型的94.74%，其他4种分布区类型仅占了5.26%。科级地理成分中温带性质较强，反映出该区系起源的温带渊源性。此外，本区木本植物较丰富，其中不乏古老类型，如松科、槭树科、壳斗科、卫矛科等，说明本区种子植物区系具有一定的原始和古老性。

（5）小兴安岭种子植物属的分布区类型

依据中国种子植物属分布区类型划分方案，小兴安岭种子植物（共389属）属的分布区类型有世界分布、泛热带分区、北温带分布、东亚和北美间断分布、旧世界温带分布和温带亚洲分布等14个。本区属的种类比较丰富，地理成分较复杂。温带性质的属有293属，占75.32%，其中北温带分布区类型在本区占绝对优势，共174属，占44.73%，属级地理成分主要以北温带植物区系成分为主，并混有亚热带、热带植物区系成分。

（6）小兴安岭各大类森林类型群落物种丰富度

小兴安岭森林生态系统物种丰富度及多样性指数在不同类型的森林群落中有很大差别。丰富度最高为82种（湿生阔叶混交林），最低为35种（山杨人工林）。此外，阔叶红松林、云冷杉林、针阔混交林（次生）、旱生阔叶混交林及水曲柳人工林的物种丰富度均较高，平均在38种以上。10大类森林类型总物种丰富度依次为：针阔混交林＞阔叶红松林＞云冷杉林＞旱生阔叶混交林＞白桦、山杨次生林＞落叶松林＞湿生阔叶混交林＞人工林＞中生阔叶混交林＞蒙古栎次生林。

8.3.2 植物物种多样性利用

本项研究根据3年的小兴安岭森林植物种质资源专项调查资料，共记录小兴安岭区域有种子植物95科389属932种80变种25变型，其中包含着重要的植物资源，如药用植物、山野菜植物、饮料植物、蜜源植物等，如药用植物五味子 *Schisandra chinensis*（Turcz.）Bailey、野菜植物猴腿蹄盖蕨、饮料植物笃斯越橘、蜜源植物椴树等，并且它们在小兴安岭林区的储量也相对较高，开发利用的潜力也较为可观；其中药用植物五味子和饮料植物笃斯越橘不仅成功人工栽培，并且达到丰产，远供全国各地。因此针对小兴安岭丰富的植物物种多样性，要进行合理的保护与利用：首先要了解市场需求，根据优势种的特性，确定开发的方向；其次，目前由于各类植物多样性保护的各类保护区的建立，植物物种多样性得到了有效的就地保护，虽然很多野生植物广泛存在于各类植物群落中，储量也较高，但不合理的开发利用，就会导致不良后果。因此，对于一些珍稀濒危植物物种要按照植物物种的生物学、生态学特征进行人工栽培，同时也可以按照生态林业的要求，在不同的植物群落中建立一个人工、天然混合型的高效、优质、低耗和谐的植物群落，并集中力量进行研究和开发，使该地区的植物物种多样性得到充分和有效的利用。

8.4 森林生态系统碳中和的利用

森林作为陆地生态系统主体，其强大的碳汇功能和作用成为实现"双碳"目标的重要路径，也是目前最为经济、安全、有效的固碳增汇手段之一。由表8-4可知，小兴安岭林区森林年固碳量 2496.88 万 t/a，并且不同林分类型的年固碳量依次为次生林＞人工林＞原始林，原始林的年固碳量为 7.44 万 t/a，次生林的年固碳量为 2246.13 万 t/a，次生林的年固碳量是原始林的年固碳量 301 倍，一个原因是原始林的面积远远小于次生林，但是面积只是一个因素，影响原始林的年固碳量的最主要因素是原始林的林分生产力比较低，仅为 8.01t/(hm^2·a)。究其原因可能是由于小兴安岭原始林中的乔木林成过熟林面积比例较高，大量枯立木、病腐木积压、腐烂，演变为碳的释放源，对实现碳中和造成一定负面影响。部分林区的成/过熟木增多，光合固碳和呼吸放碳相当，林区整体固碳能力下滑。对天然林资源保护工程历次森林资源清查结果显示，过熟林碳汇呈下降趋势。Zhou 等基于过去 40 多年对鼎湖山季风常绿阔叶林生物量的长期监测发现成熟森林生物量总体上处于下降的趋势，年份之间有波动而已[163]；对热带亚热带常绿阔叶林 13 个永久样地长达 30 多年的监测表明，木材生物量都处于下降过程中[164]；有显著上升趋势的只是群落的枝叶等活跃生物量（active biomass）[165]，而这些活跃生物量因为滞留的时间较短对热带亚热带常绿阔叶林生物量固碳是没有贡献的。中科院多位专家表示，2030 年前碳达峰、2060 年前碳中和已成为中国重要的长期战略目标，必须统筹"减排、保碳、增汇、封存"4 个技术途径的宏观布局，协调"脱碳能源转型、减排产业结构调整、增汇生态环境建设"3 个新型生态经济及产业的协同发展。如何加速未成熟森林生长，促进初级生产力向木材转化是一个重要手段，也许，我国重新启用用材林经营战略，并在实施过程中妥善管理而不造成土壤有机碳的释放是实现"碳中和"的一个途径[166]。在提升重要生态系统固碳能力方面，专家们建议，全面转变以禁伐为主的政策导向，有计划地部署重启森林采伐。在"双碳"目标的长周期框架下，设计从禁伐到更新采伐的路线图。建立我国森林碳交换监测数据库，为重启森林采伐提供科学依据。加大林区基础设施建设投资和政策扶持力度，建设适应间伐、选伐的现代基础设施网络。

附录　小兴安岭种子植物野外调查名录

裸子植物门：

一、松科 Pinaceae

（一）冷杉属 *Abies*

1. 臭冷杉 *Abies nephrolepis*（Trautv.）Maxim.

（二）落叶松属 *Larix*

2. 落叶松 *Larix gmelinii*（Rupr.）Rupr.

（三）云杉属 *Picea*

3. 长白鱼鳞云杉 *Picea jezoensis* Carr. var. *komarovii*（V. Vassil.）Cheng et L. K. Fu

4. 鱼鳞云杉 *Picea jezoensis* Carr. var. *microsperma*（Lindl.）Cheng et L. K. Fu

5. 红皮云杉 *Picea koraiensis* Nakai

6. 丰山云杉 *Picea koraiensis* Nakai var. *pungsanesis*（Uyeki）Chou ex Q. L. Wang

（四）松属 *Pinus*

7. 红松 *Pinus koraiensis* Sieb.

8. 偃松 *Pinus pumila*（Pall.）Regel

9. 樟子松 *Pinus sylvestris* L. var. *mongolica* Litv.

二、柏科 Cupressaceae

（五）圆柏属 *Sabina*

10. 兴安圆柏 *Sabina davurica*（Pall.）Ant.

（六）刺柏属 *Juniperus*

11. 西伯利亚刺柏 *Juniperus sibirica* Burgsd.

被子植物门：

一、胡桃科 Juglandaceae

（一）胡桃属 *Juglans*

1. 胡桃楸 *Juglans mandshurica* Maxim.

二、杨柳科 Salicaceae

（二）钻天柳属 *Chosenia*

2. 钻天柳 *Chosenia arbutifolia*（Pall.）A. Skv.

（三）杨属 *Populus*

3. 山杨 *Populus davidiana* Dode

4. 香杨 *Populus koreana* Rehd.

5. 辽东小叶杨 *Populus simonii* Carr. var. *liaotungensis*（C. Wang et Skv.）C. Wang et Tung

6. 大青杨 *Populus ussuriensis* Kom.

（四）柳属 *Salix*

7. 带岭柳 *Salix dailingensis* Y. L. Chou et C. Y. King

8. 毛枝柳 *Salix dasyclados* Wimm.

9. 崖柳 *Salix floderusii* Nakai

10. 细枝柳 *Salix gracilior*（Siuz.）Nakai

11. 细柱柳 *Salix gracilistyla* Miq.

12. 兴安柳 *Salix hsinganica* Y. L. Chang et Skv.

13. 杞柳 *Salix integra* Thunb.

14. 朝鲜柳 *Salix koreensis* Anderss.

15. 旱柳 *Salix matsudana* Koidz.

16. 越橘柳 *Salix myrtilloides* L.

17. 五蕊柳 *Salix pentandra* L.

18. 大黄柳 *Salix raddeana* Laksch.

19. 粉枝柳 *Salix rorida* Laksch.

20. 伪粉枝柳 *Salix rorida* Laksch. var. *roridaeformis*（Nakai）Ohwi

21. 细叶沼柳 *Salix rosmarinifolia* L.

22. 沼柳 *Salix rosmarinfolia* L. var. *brachypoda*（Trautv. et Mey.）Y. L. Chou

23. 龙江柳 *Salix sachalinensis* Fr. Schmidt

24. 卷边柳 *Salix siuzevii* Seemen

25 司氏柳 *Salix skvortzovii* Y. L. Chang et Y. L. Chou

26. 谷柳 *Salix taraikensis* Kimura

27. 三蕊柳 *Salix nipponica* L.

28. 蒿柳 *Salix schwerinii* E. L. Wolf

29. 细叶蒿柳 *Salix viminalis* L. var. *angustifolia* Turcz.

30. 筐柳 *Salix linearistipularis* Hao

三、桦木科 Betulaceae

（五）赤杨属 *Alnus*

31. 辽东桤木 *Alnus hirsuta*

32. 毛赤杨 *Alnus sibirica* Fisch. et Turcz. var. *hirsuta*（Turcz.）Koidz.

（六）桦木属 *Betula*

33. 风桦 *Betula costata* Trautv.

34. 黑桦 *Betula dahurica* Pall.

35. 岳桦 *Betula ermanii* Cham.

36. 柴桦 *Betula fruticosa* Pall.

37. 甸生桦 *Betula humilis* Schrank

38. 扇叶桦 *Betula middendorfii* Trautv. et Mey.

39. 白桦 *Betula platyphylla* Suk.

（七）榛属 *Corylus*

40. 榛 *Corylus heterophylla* Fisch. ex Trautv.

41. 毛榛 *Corylus mandshurica* Maxim. et Rupr.

四、壳斗科 Fagaceae

（八）栎属 *Quercus*

42. 蒙古栎 *Quercus mongolica* Fisch. ex Turcz.

五、榆科 Ulmaceae

（九）榆属 *Ulmus*

43. 春榆 *Ulmus japonica*（Rehd.）Sarg.

44. 栓枝春榆 *Ulmus japonica*（Rehd.）Sarg. var. *suberosa*（Turcz.）S. D. Zhao

45. 裂叶榆 *Ulmus laciniata*（Trautv.）Mayr.

46. 大果榆 *Ulmus macrocarpa* Hance

六、荨麻科 Urticaceae

（十）冷水花属 *Pilea*

47. 荫地冷水花 *Pilea pumila* var. *hamaoi*（Makino）C. J. Chen

48. 透茎冷水花 *Pilea pumila*（L.）A. Gray

（十一）荨麻属 *Urtica*

49. 狭叶荨麻 *Urtica angustifolia* Fisch. ex Hornem.

50. 麻叶荨麻 *Urtica cannabina* L.

51. 乌苏里荨麻 *Urtica laetevirens* subsp. *cyanescens*（Kom.）C. J. Chen

52. 宽叶荨麻 *Urtica laetevirens* Maxim.

七、檀香科 Santalaceae

（十二）百蕊草属 *Thesium*

53. 百蕊草 *Thesium chinense* Turcz.

八、桑寄生科 Loranthaceae

（十三）槲寄生属 *Viscum*

54. 槲寄生 *Viscum coloratum*（Kom.）Nakai

九、蓼科 Polygonaceae

（十四）萹蓄属 *Polygonum*

55. 阿扬蓼（高山蓼）*Polygonum ajanense*（Regel et Til.）Grig.

56. 狐尾蓼 *Polygonum alopecuroides* Turcz. ex Bess.

57. 高山蓼 *Polygonum alpinum* All.

58. 两栖蓼 *Polygonum amphibium* L.

59. 萹蓄蓼 *Polygonum aviculare* L.

60. 叉分蓼 *Polygonum divaricatum* L.

61. 普通蓼 *Polygonum humifusum* Pall. ex Ledeb.

62. 水蓼 *Polygonum hydropiper* L.

63. 长箭叶蓼 *Polygonum hastatosagittatum* Makino

64. 酸模叶蓼 *Polygonum lapathifolium* L.

65. 假长尾叶蓼 *Polygonum longisetum* De Bruyn

66. 耳叶蓼 *Polygonum manshuriense* V. Petr. ex Kom.

67. 小蓼 *Polygonum minus* Huds.

68. 东方蓼 *Polygonum orientale* L.

69. 太平洋蓼 *Polygonum pacificum* V. Petr.

70. 穿叶蓼 *Polygonum perfoliatum* L.

71. 长鬃蓼 *Polygonum longisetum* De Br.

72. 箭叶蓼 *Polygonum sieboldi* Meisn.

73. 水湿蓼 *Polygonum strigosum* R. Br.

74. 圆基长鬃蓼 *Polygonum* longisetum var. *rotundatum* A. J. Li

75. 戟叶蓼 *Polygonum thunbergii* Sieb. et Zucc.

76. 香蓼 *Polygonum viscosum* Hamilt.

77. 桃叶蓼 *Polygonum persicaria* L.

（十五）酸模属 *Rumex*

78. 酸模 *Rumex acetosa* L.

79. 小酸模 *Rumex acetosella* L.

80. 毛脉酸模 *Rumex gmelini* Turcz.

81. 直穗酸模 *Rumex longifolius* DC.

82. 东北酸模 *Rumex thyrsiflorus* Fingerh. var. *mandshurica* Bar. et Skv.

83. 洋铁酸模 *Rumex patientia* L. var. *callosus* Fr. Schmidt

十、石竹科 Caryophyllaceae

（十六）麦毒草属 *Agrostemma*

84. 麦毒草 *Agrostemma githago* L.

（十七）鹅不食属 *Arenaria*

85. 毛轴鹅不食 *Arenaria juncea* Bieb.

（十八）卷耳属 *Cerastium*

86. 簇生泉卷耳 *Cerastium fontanum* subsp. *vulgare* （Hartman）Greuter & Burdet

87. 毛蕊卷耳 *Cerastium pauciflorum* Stev. ex Ser. var. *amurense* （Regel）Mizushima

（十九）石竹属 *Dianthus*

88. 石竹 *Dianthus chinensis* L.

89. 簇茎石竹 *Dianthus repens* Willd.

90. 瞿麦 *Dianthus superbus* L.

91. 兴安石竹 *Dianthus versicolor* Franch. et Sav.

92. 蒙古石竹 *Dianthus versicolor* Franch. et Sav. var. *subulifolius* （Kitag.）Y. C. Chu

（二十）剪秋萝属 *Lychnis*

93. 浅裂剪秋萝 *Lychnis cognate* Maxim.

94. 大花剪秋萝 *Lychnis fulgens* Fisch.

（二十一）叉枝蝇子草属 *Melandrium*

95. 女娄菜 *Melandrium apricum* （Turcz. ex Fisch. et C. A. Mey.）Rohrb.

96. 光萼女娄菜 *Melandrium firmum* （Sieb. et Zucc.）Rohrb.

97. 疏毛女娄菜 *Melandrium firmum* （Sieb. et Zucc.）Rohrb. f. *pubescens* Makino

（二十二）山漆姑属 *Minuartia*

98. 石米努草 *Minuartia laricina* （L.）Mattf.

（二十三）莫石竹属 *Moehringia*

99. 莫石竹 *Moehringia lateriflora* （L.）Fenzl

（二十四）孩儿参属 *Pseudostellaria*

100. 蔓假繁缕 *Pseudostellaria davidii* （Franch.）Pax

101. 毛假繁缕 *Pseudostellaria japonica* （Korsh.）Pax

102. 森林假繁缕 *Pseudostellaria sylvatica* （Maxim.）Pax

（二十五）蝇子草属 *Silene*

103. 旱麦瓶草 *Silene jenisseensis* Willd.

104. 长柱麦瓶草 *Silene macrostyla* Maxim.

105. 毛萼麦瓶草 *Silene repens* Part.

106. 狗筋麦瓶草 *Silene vulgaris*（Moench.）Garcke

（二十六）繁缕属 *Stellaria*

107. 翻白繁缕 *Stellaria discolor* Turcz. ex Fenzl

108. 细叶繁缕 *Stellaria filicaulis* Makino

109. 伞繁缕 *Stellaria longifolia* Muehl.

110. 繁缕 *Stellaria media*（L.）Cyrillus

111. 垂梗繁缕 *Stellaria radians* L.

（二十七）鹅肠菜属 *Myosoton*

112. 鹅肠菜 *Myosoton aquaticum*（L.）Moench

十一、藜科 Chenopodiaceae

（二十八）藜属 *Chenopodium*

113. 藜 *Chenopodium album* L.

114. 刺藜 *Chenopodium aristatum* L.

115. 菱叶藜 *Chenopodium bryoniaefolium* Bunge

116. 灰绿藜 *Chenopodium glaucum* L.

117. 大叶藜 *Chenopodium hybridum* L.

118. 红叶藜 *Chenopodium rubrum* L.

119. 小藜 *Chenopodium serotinum* L.

120. 细叶藜 *Chenopodium stenophyllum* Koidz.

（二十九）地肤属 *Kochia*

121. 地肤 *Kochia scoparia*（L.）Schrad.

（三十）猪毛菜属 *Salsola*

122. 猪毛菜 *Salsola collina* Pall.

十二、苋科 Amaranthaceae

（三十一）苋属 *Amaranthus*

123. 凹头苋 *Amaranthus blitum* Linnaeus

124. 反枝苋 *Amaranthus retroflexus* L.

十三、五味子科 Schisandraceae

（三十二）五味子属 *Schisandra*

125. 五味子 *Schisandra chinensis*（Turcz.）Bailey

十四、毛茛科 Ranunculaceae

（三十三）乌头属 *Aconitum*

126. 两色乌头 *Aconitum alboviolaceum* Kom.

127. 兴安乌头 *Aconitum ambiguum* Rchb.

128. 黄花乌头 *Aconitum coreanum*（Levl.）Rap.

129. 薄叶乌头 *Aconitum fischeri* Rchb.

130. 鸭绿乌头 *Aconitum jaluense* Kom.

131. 吉林乌头 *Aconitum kirinense* Nakai

132. 北乌头 *Aconitum kusnezoffii* Rchb.

133. 带岭乌头 *Aconitum kusnezoffii* Rchb. var. *birobidshanicum*（Worosch.）S. H. Li stat. nov.

134. 细叶乌头 *Aconitum macrorhynchum* Turcz.

135. 匍枝乌头 *Aconitum macrorhynchum* Turcz. f. *Tenuissimum*（Nakai et Kitag.）S. H. Li et Y. H. Huang

136. 白山乌头 *Aconitum paishanense* Kitag.

137. 大苞乌头 *Aconitum raddeanum* Regel

138. 蔓乌头 *Aconitum volubile* Pall. ex Koelle

139. 宽叶蔓乌头 *Aconitum volubile* Pall. ex Koelle var. *latisectum* Regel

（三十四）类叶升麻属 *Actaea*

140. 类叶升麻 *Actaea asiatica* Hara

141. 红果类叶升麻 *Actaea erythrocarpa* Fisch.

（三十五）侧金盏花属 *Adonis*

142. 侧金盏花 *Adonis amurensis* Regel et Radde

（三十六）银莲花属 *Anemone*

143. 黑水银莲花 *Anemone amurensis*（Korsh.）Kom.

144. 毛果银莲花 *Anemone baicalensis* Turcz.

145. 光果银莲花 *Anemone baicalensis* Turcz. var. *glabrata* Maxim.

146. 二歧银莲花 *Anemone dichotoma* L.

147. 大花银莲花 *Anemone silvestris* L.

148. 大叶银莲花 *Anemone udensis* Trautv. et C. A. Mey.

（三十七）耧斗菜属 *Aquilegia*

149. 尖萼耧斗菜 *Aquilegia oxysepala* Trautv. et C. A. Mey.

150. 小花耧斗菜 *Aquilegia parviflora* Ledeb.

151. 耧斗菜 *Aquilegia viridiflora* Pall.

（三十八）驴蹄草属 *Caltha*

152. 膜叶驴蹄草 *Caltha* palustris var. *membranacea* Turcz.

153. 白花驴蹄草 *Caltha natans* Pall.

154. 驴蹄草 *Caltha palustris* L. var. *sibirica* Regel

（三十九）升麻属 *Cimicifuga*

155. 兴安升麻 *Cimicifuga dahurica*（Turcz.）Maxim.

156. 大三叶升麻 *Cimicifuga heracleifolia* Kom.

157. 单穗升麻 *Cimicifuga simplex* Wormsk.

（四十）铁线莲属 *Clematis*

158. 林地铁线莲 *Clematis brevicaudata* DC.

159. 褐毛铁线莲 *Clematis fusca* Turcz.

160. 紫花铁线莲 *Clematis fusca* Turcz. var. *violacea* Maxim.

161. 棉团铁线莲 *Clematis hexapetala* Pall.

162. 辣蓼铁线莲 *Clematis mandshurica* Rupr.

163. 半钟铁线莲 *Clematis ochotensis*（Pall.）Poir.

164. 西伯利亚铁线莲 *Clematis sibirica*（L.）Mill.

（四十一）翠雀属 *Delphinium*

165. 翠雀 *Delphinium grandiflorum* L.

166. 东北高翠雀 *Delphinium korshinskyanum* Nevski

（四十二）拟扁果草属 *Enemion*

167. 拟扁果草 *Enemion raddeanum* Regel

（四十三）菟葵属 *Eranthis*

168. 菟葵 *Eranthis stellata* Maxim.

（四十四）白头翁属 *Pulsatilla*

169. 朝鲜白头翁 *Pulsatilla cernua*（Thunb.）Bercht. et Opiz.

170. 白头翁 *Pulsatilla chinensis*（Bunge）Regel

171. 兴安白头翁 *Pulsatilla dahurica*（Fisch. ex DC.）Spreng

172. 掌叶白头翁 *Pulsatilla patens*（L.）Mill. var. *multifida*（Pritz.）S. H. Li
et Y. H. Huang

173. 白花掌叶白头翁 *Pulsatilla patens*（L.）Mill. var. *multifida*（Pritz.）
S. H. Li et Y. H. Huang f. *albiflora* X. F. Zhao ex Y. Z. Zhao.

（四十五）毛茛属 *Ranunculus*

174. 披针毛茛 *Ranunculus amurensis* Kom

175. 回回蒜毛茛 *Ranunculus chinensis* Bunge

176. 深山毛茛 *Ranunculus franchetii* De. Boiss.

177. 小叶毛茛 *Ranunculus gmelinii* DC.

178. 毛茛 *Ranunculus japonicus* Thunb.

179. 草地毛茛 *Ranunculus japonicus* Thunb. var. *pratensis* Kitag.

180. 沼地毛茛 *Ranunculus radicans* C. A. Mey.

181. 掌裂毛茛 *Ranunculus rigescens* Turcz. ex Ovcz.

182. 匍枝毛茛 *Ranunculus repens* L.

183. 石龙柄毛茛 *Ranunculus sceleratus* L.

（四十六）唐松草属 *Thalictrum*

184. 欧洲唐松草 *Thalictrum aquilegiifolium* Linnaeus

185. 球果唐松草 *Thalictrum baicalense* Turcz.

186. 光果唐松草 *Thalictrum baicalense* Turcz. f. *levicarpum* Tamura

187. 朝鲜唐松草 *Thalictrum ichangense* Lecoy. ex Oliv. var. *coreanum* （Levl.） Levl. ex Tamura

188. 东亚唐松草 *Thalictrum minus* L. var. *hypoleucum* （Sieb. et Zucc.） Miq.

189. 卷叶唐松草 *Thalictrum petaloideum* L. var. *supradecompositum* （Nakai） Kitag.

190. 箭头唐松草 *Thalictrum simplex* L.

191. 散花唐松草 *Thalictrum sparsiflorum* Turcz. ex Fisch. et C. A. Mey.

192. 展枝唐松草 *Thalictrum squarrosum* Steph. ex Willd.

193. 深山唐松草 *Thalictrum tuberiferum* Maxim.

（四十七）金莲花属 *Trollius*

194. 短瓣金莲花 *Trollius ledebourii* Reic.

195. 长瓣金莲花 *Trollius macropetalus* Fr. Schmidt

十五、小檗科 Berberidaceae

（四十八）小檗属 *Berberis*

196. 大叶小檗 *Berberis amurensis* Rupr.

（四十九）红毛七属 Caulophyllum

197. 类叶牡丹 *Caulophyllum robustum* Maxim.

十六、防己科 Menispermaceae

（五十）蝙蝠葛属 *Menispermum*

198. 蝙蝠葛 *Menispermum dauricum* DC.

199. 毛蝙蝠葛 *Menispermum dauricum* DC. f. *pilosum* （Schneid.） Kitag.

十七、睡莲科 Nymphaeaceae

（五十一）萍蓬草属 *Nuphar*

200. 萍蓬草 *Nuphar pumila*（Timm）DC.

（五十二）睡莲属 *Nymphaea*

201. 睡莲 *Nymphaea tetragona* Georgi

十八、金鱼藻科 Ceratophyllaceae

（五十三）金鱼藻属 *Ceratophyllum*

202. 五针金鱼藻 *Ceratophyllum platyacanthum* subsp. *oryzetorum* Chamisso

十九、金粟兰科 Chloranthaceae

（五十四）金粟兰属 *Chloranthus*

203. 银线草 *Chloranthus japonicus* Sieb.

二十、马兜铃科 Aristolochiaceae

（五十五）马兜铃属 *Aristolochia*

204. 北马兜铃 *Aristolochia contorta* Bunge

（五十六）细辛属 *Asarum*

205. 辽细辛 *Asarum heterotropoides* Fr. Schmidt

二十一、芍药科 Paeoniaceae

（五十七）芍药属 *Paeonia*

206. 芍药 *Paeonia lactiflora* Pall.

207. 草芍药 *Paeonia obovata* Maxim.

二十二、猕猴桃科 Actinidiaceae

（五十八）猕猴桃属 *Actinidia*

208. 狗枣猕猴桃 *Actinidia kolomikta*（Rupr.）Maxim.

二十三、金丝桃科 Hypericaceae

（五十九）金丝桃属 *Hypericum*

209. 长柱金丝桃 *Hypericum ascyron* L.

210. 乌腺金丝桃 *Hypericum attenuatum* Choisy

211. 短柱金丝桃 *Hypericum ascyron* subsp. *gebleri* Ledeb.

（六十）地耳草属 *Triadenum*

212. 地耳草 *Triadenum japonicum*（Blume）Makino

二十四、罂粟科 Papaveraceae

（六十一）合瓣花属 *Adlumia*

213. 合瓣花 *Adlumia asiatica* Ohwi

（六十二）白屈菜属 *Chelidonium*

214. 白屈菜 *Chelidonium majus* L.

（六十三）紫堇属 *Corydalis*

215. 东北延胡索 *Corydalis ambigua* Cham. et Schltd.

216. 线叶东北延胡索 *Corydalis ambigua* Cham. et Schltd. f. *lineariloba* Maxim.（ut "lus. lineariloba"）

217. 巨紫堇 *Corydalis gigantea* Trautv. et Mey.

218. 大花巨紫堇 *Corydalis gigantean* Trautv. et Mey. var. *macrantha* Regel

219. 黄紫堇 *Corydalis ochotensis* Turcz.

220. 小黄紫堇 *Corydalis ochotensis* Turcz. var. *raddeana*（Regel）Nakai

221. 珠果紫堇 *Corydalis pallida*（Thunb.）Pers.

222. 齿瓣延胡索 *Corydalis turtschaninovii* Bess.

223. 栉裂齿瓣延胡索 *Corydalis turtschaninovii* Bess. f. *pectinata*（Kom.）Y. H. Chou

（六十四）荷青花属 *Hylomecon*

224. 荷青花 *Hylomecon japonica*（Thunb.）Prantl et Kundig

（六十五）罂粟属 *Papaver*

225. 野罂粟 *Papaver nudicaule* L.

226. 黑水罂粟 *Papaver nudicaule* L. subsp. *amurense* N. Busch，sensu str.

227. 光果野罂粟 *Papaver nudicaule* L. var. *glabricarpum* P. Y. Fu

二十五、十字花科 Brassicaceae

（六十六）南芥属 *Arabis*

228. 垂果南芥 *Arabis pendula* L.

（六十七）山芥属 *Barbarea*

229. 山芥菜 *Barbarea orthoceras* Ledeb.

（六十八）荠属 *Capsella*

230. 荠菜 *Capsella bursa-pastoris*（L.）Medic.

（六十九）碎米荠属 *Cardamine*

231. 白花碎米荠 *Cardamine leucantha*（Tausch）O. E. Schulz

232. 水田碎米荠 *Cardamine lyrata* Bunge

233. 伏水碎米荠 *Cardamine prorepens* Fisch. ex DC.

234. 细叶碎米荠 *Cardamine* trifida（Lamarck ex Poiret）B. M. G. Jones

（七十）花旗杆属 *Dontostemon*

235. 花旗杆 *Dontostemon dentatus*（Bunge）Lédeb.

（七十一）葶苈属 *Draba*

236. 葶苈 *Draba nemorosa* L.

（七十二）糖芥属 *Erysimum*

237. 桂竹糖芥 *Erysimum cheiranthoides* L.

238. 兴安糖芥 *Erysimum flavum*（Georgi）Bobr.

（七十三）独行菜属 *Lepidium*

239. 宽叶独行菜 *Lepidium latifolium* L.

240. 独行菜 *Lepidium apetalum* Willd.

（七十四）蔊菜属 *Rorippa*

241. 山芥叶蔊菜 *Rorippa barbareifolia*（DC.）Kitag.

242. 风花菜 *Rorippa islandica*（Oed.）Borb.

（七十五）大蒜芥属 *Sisymbrium*

243. 钻果大蒜芥 *Sisymbrium officinale*（L.）Scop.

（七十六）菥蓂属 *Thlaspi*

244. 菥蓂 *Thlaspi arvense* L.

二十六、景天科 Crassulaceae

（七十七）八宝属 *Hylotelephium*

245. 八宝 *Hylotelephium erythrostictum*（Miq.）H. Ohba

246. 白八宝 *Hylotelephium pallescens*（Freyn.）H. Ohba

247. 紫八宝 *Hylotelephium purpureum*（L.）H. Ohba

（七十八）瓦松属 *Orostachys*

248. 钝叶瓦松 *Orostachys malacophylla*（Pall.）Fisch.

249. 黄花瓦松 *Orostachys spinosus*（L.）C. A. Mey.

（七十九）费菜属 *Phedimus*

250. 费菜 *Phedimus aizoon* L.

251. 宽叶费菜 *Phedimus aizoon* L. var. *latifolium* Maxim.

二十七、虎耳草科 Saxifragaceae

（八十）落新妇属 *Astilbe*

252. 落新妇 *Astilbe chinensis*（Maxim.）Franch. et Sav.

253. 朝鲜落新妇 *Astilbe koreana* Nakai

（八十一）金腰属 *Chrysosplenium*

254. 互叶金腰 *Chrysosplenium alternifolium* L.

255. 蔓金腰 *Chrysosplenium flagelliferum* Fr. Schmidt

256. 毛金腰 *Chrysosplenium pilosus* Maxim.

257. 异叶金腰 *Chrysosplenium pseudofauriei* Levl.

258. 多枝金腰 *Chrysosplenium ramosum* Maxim.

259. 华金腰 *Chrysosplenium sinicum* Maxim.

（八十二）溲疏属 *Deutzia*

260. 东北溲疏 *Deutzia parviflora* var. *amurensis* Regel

261. 无毛溲疏 *Deutzia glabrata* Kom.

262. 大花溲疏 *Deutzia grandiflora* Bunge

（八十三）唢呐草属 *Mitella*

263. 唢呐草 *Mitella nuda* L.

（八十四）梅花草属 *Parnassia*

264. 梅花草 *Parnassia palustris* L.

（八十五）扯根菜属 *Penthorum*

265. 扯根菜 *Penthorum chinense* Pursh.

（八十六）山梅花属 *Philadelphus*

266. 东北山梅花 *Philadelphus schrenkii* Rupr.

267. 堇叶山梅花 *Philadelphus tenuifolius* Rupr.

（八十七）茶藨子属 *Ribes*

268. 刺果茶藨子 *Ribes burejense* Fr. Schmidt

269. 楔叶茶藨子 *Ribes diacantha* Pall.

270. 东北茶藨子 *Ribes mandshuricum*（Maxim.）Kom.

271. 英吉里茶藨子 *Ribes palczewskii*（Jancz.）Pojark.

272. 矮茶藨子 *Ribes triste* Pall.

（八十八）虎耳草属 *Saxifraga*

273. 刺虎耳草 *Saxifraga bronchialis* L.

274. 斑点虎耳草 *Saxifraga punctata* L.

275. 球茎虎耳草 *Saxifraga sibirica* L.

二十八、蔷薇科 Rosaceae

（八十九）龙牙草属 *Agrimonia*

276. 龙牙草 *Agrimonia pilosa* Ledeb.

（九十）假升麻属 *Aruncus*

277. 假升麻 *Aruncus sylvester* Kostel. ex Maxim.

（九十一）地蔷薇属 *Chamaerhodos*

278. 地蔷薇 *Chamaerhodos erecta*（L.）Bunge

（九十二）沼委陵菜属 *Comarum*

279. 东北沼委陵菜 *Comarum palustre* L.

（九十三）山楂属 *Crataegus*

280. 光叶山楂 *Crataegus dahurica* Schneid.

281. 毛山楂 *Crataegus maximowiczii* Schneid.

282. 山楂 *Crataegus pinnatifida* Bunge

283. 无毛山楂 *Crataegus pinnatifida* Bunge var. *psilosa* Schnied.

284. 血红山楂 *Crataegus sanguinea* Pall.

（九十四）蚊子草属 *Filipendula*

285. 细叶蚊子草 *Filipendula angustiloba*（Turcz.）Maxim.

286. 翻白蚊子草 *Filipendula intemedia*（Glehn）Juz.

287. 蚊子草 *Filipendula palmate*（Pall.）Maxim.

288. 光叶蚊子草 *Filipendula palmate*（Pall.）Maxim. var. *glabra* Ledeb.

289. 槭叶蚊子草 *Filipendula purpurea* Maxim.

290. 白花槭叶蚊子草 *Filipendula purpurea* Maxim. f. *albiflora*（Makino）Ohwi

（九十五）草莓属 *Fragaria*

291. 东方草莓 *Fragaria orientalis* Losina-Losinsk.

（九十六）水杨梅属 *Geum*

292. 水杨梅 *Geum aleppicum* Jacq.

293. 重瓣水杨梅 *Geum aleppicum* Jacq. f. *plenum* Yang et P. H. Huang

（九十七）苹果属 *Malus*

294. 山荆子 *Malus baccata*（L.）Borkh.

295. 毛山荆子 *Malus baccata*（L.）Borkh. var. *mandshurica*（Maxim.）Schneid.

（九十八）委陵菜属 *Potentilla*

296. 皱叶委陵菜 *Potentilla ancistrifolia* Bunge

297 鹅绒委陵菜 *Potentilla anserina* L.

298. 刚毛委陵菜 *Potentilla asperrima* Turcz.

299. 光叉叶委陵菜 *Potentilla bifurca* L. var. *glabrata* Lehm.

300. 委陵菜 *Potentilla chinensis* Ser.

301. 薄叶委陵菜 *Potentilla chinensis* Ser. var. *platyloba* Liou et C. Y. Li

302. 大头委陵菜 *Potentilla conferta* Bunge

303. 狼牙委陵菜 *Potentilla cryptotaeniae* Maxim.

304. 翻白委陵菜 *Potentilla discolor* Bunge.

305. 莓叶委陵菜 *Potentilla fragarioides* L.

306. 三叶委陵菜 *Potentilla freyniana* Bornm.

307. 金老梅 *Potentilla fruticosa* L.

308. 白叶委陵菜 *Potentilla betonicifolia* Poir.

309. 细叶委陵菜 *Potentilla multifida* L.

310. 伏委陵菜 *Potentilla paradoxa* L.

311. 蒿叶委陵菜 *Potentilla tanacetifolia* Willd ex Schlecht.

（九十九）扁核木属 *Prinsepia*

312. 东北扁核木 *Prinsepia sinensis*（Oliv.）Oliv. ex Bean

（一〇〇）李属 *Prunus*

313. 斑叶稠李 *Prunus maackii* Rupr.

314. 黑樱桃 *Prunus maximowiczii*（Rupr.）Kom.

315. 稠李 *Pruus padus* L.

316. 西伯利亚杏 *Prunus sibirica* L.

（一〇一）梨属 *Pyrus*

317. 秋子梨 *Pyrus ussuriensis* Maxim.

（一〇二）蔷薇属 *Rosa*

318. 刺蔷薇 *Rosa acicularis* Lindl.

319. 刺果刺蔷薇 *Rosa acicularis* Lindl. var. *setacea* Liou

320. 山刺玫 *Rosa davurica* Pall.

321. 长白蔷薇 *Rosa koreana* Kom.

（一〇三）悬钩子属 *Rubus*

322. 北悬钩子 *Rubus arcticus* L.

323. 绿叶悬钩子 *Rubus komarovii* Nakai

324. 库页悬钩子 *Rubus sachalinensis* Lévl.

325. 石生悬钩子 *Rubus saxatilis* L.

（一〇四）地榆属 *Sanguisorba*

326. 地榆 *Sanguisorba officinalis* L.

327. 宽叶地榆 *Sanguisorba officinalis* L. var. *latifoliata* Liou et C. Y. Li

328. 小白花地榆 *Sanguisorba tenuifolia* var. *alba* Trautv. et Mey.

329. 垂穗粉花地榆 *Sanguisorba tenuifolia* Fisch. ex Link

（一〇五）珍珠梅属 *Sorbaria*

330. 珍珠梅 *Sorbaria sorbifolia*（L.）A. Br.

（一〇六）花楸属 *Sorbus*

331. 水榆花楸 *Sorbus alnifolia*（Sieb. et Zucc.）K. Koch

332. 花楸树 *Sorbus pohuashanensis*（Hance）Hedl.

（一〇七）绣线菊属 *Spiraea*

333. 石蚕叶绣线菊 *Spiraea chamaedryfolia* L.

334. 美丽绣线菊 *Spiraea elegans* Pojark.

335. 曲萼绣线菊 *Spiraea flexuosa* Camb.

336. 欧亚绣线菊 *Spiraea media* Schmidt

337. 绣线菊 *Spiraea salicifolia* L.

338. 绢毛绣线菊 *Spiraea sericea* Turcz.

二十九、豆科 Fabaceae

（一○八）两型豆属 *Amphicarpaea*

339. 两型豆 *Amphicarpaea edgeworthii* Benth.

（一○九）黄耆属 *Astragalus*

340. 斜茎黄耆 *Astragalus laxmannii* Jacquin

341. 黄耆 *Astragalus membranaceus* Bunge

342. 蒙古黄耆 *Astragalus membranaceus* Bunge var. *mongholicus*（Bunge）Hsiao

343. 湿地黄耆 *Astragalus uliginosus* L.

（一一○）大豆属 *Glycine*

344. 野大豆 *Glycine soja* Sieb. et Zucc.

（一一一）鸡眼草属 *Kummerowia*

345. 短萼鸡眼草 *Kummerowia stipulacea*（Maxim.）Makino

（一一二）山黧豆属 *Lathyrus*

346. 大山黧豆 *Lathyrus davidii* Hance

347. 矮山黧豆 *Lathyrus humilis* Fisch. ex DC.

348. 三脉山黧豆 *Lathyrus komarovii* Ohwi

349. 山黧豆 *Lathyrus palustris* L. var. *pilosus*（Cham.）Ledeb.

（一一三）胡枝子属 *Lespedeza*

350. 胡枝子 *Lespedeza bicolor* Turcz.

351. 兴安胡枝子 *Lespedeza davurica*（Laxm.）Schindl.

352. 阴山胡枝子 *Lespedeza inschanica*（Maxim.）Schindl.

353. 尖叶胡枝子 *Lespedeza juncea*（L. f.）Pers.

（一一四）马鞍树属 *Maackia*

354. 怀槐 *Maackia amurensis* Rupr. et Maxim.

（一一五）苜蓿属 *Medicago*

355. 野苜蓿 *Medicago falcata* L.

356. 天蓝苜蓿 *Medicago lupulina* L.

（一一六）草木犀属 *Melilotus*

357. 草木犀 *Melilotus suaveolens* Ledeb.

358. 细齿草木犀 *Melilotus dentatus*（Wald. et Kit.）Pers.

（一一七）槐属 *Sophora*

359. 苦参 *Sophora flavescens* Alt.

（一一八）车轴草属 *Trifolium*

360. 野火球 *Trifolium lupinaster* L.

（一一九）野豌豆属 *Vicia*

361. 山野豌豆 *Vicia amoena* Fisch. ex DC.

362. 黑龙江野豌豆 *Vicia amurensis* Oett.

363. 广布野豌豆 *Vicia cracca* L.

364. 东方野豌豆 *Vicia japonica* A. Gray

365. 大叶野豌豆 *Vicia pseudorobus* Fisch. et C. A. Mey.

366. 北野豌豆 *Vicia ramuliflora*（Maxim.）Ohwi

367. 贝加尔野豌豆 *Vicia ramuliflora*（Maxim.）Ohwi . f. *baicalensis*（Turcz.）
P. Y. Fu et Y. A. Chen

368. 歪头菜 *Vicia unijuga* A. Br.

369. 柳叶野豌豆 *Vicia venosa*（Willd.）Maxim.

三十、酢浆草科 Oxalidaceae

（一二〇）酢浆草属 *Oxalis*

370. 山酢浆草 *Oxalis acetosella* L.

三十一、牻牛儿苗科 Geraniaceae

（一二一）牻牛苗儿属 *Erodium*

371. 牻牛儿苗 *Erodium stephanianum* Willd.

（一二二）老鹳草属 *Geranium*

372. 粗根老鹳草 *Geranium dahuricum* DC.

373. 毛蕊老鹳草 *Geranium eriostemon* Fisch. ex DC.

374. 兴安老鹳草 *Geranium maximowiczii* Regel et Maack

375. 鼠掌老鹳草 *Geranium sibiricum* L.

376. 线裂老鹳草 *Geranium soboliferum* Kom.

377. 灰背老鹳草 *Geranium wlassowianum* Fisch. ex Link

三十二、大戟科 Euphorbiaceae

（一二三）大戟属 *Euphorbia*

378. 乳浆大戟 *Euphorbia esula* L.

379. 泽漆 *Euphorbia helioscopia* L.

380. 林大戟 *Euphorbia lucorum* Rupr.

381. 东北大戟 *Euphorbia esula* L.

（一二四）叶底珠属 *Securinega*

382. 叶底珠 *Securinega suffruticosa*（Pall.）Rehd.

三十三、芸香科 Rutaceae

（一二五）白藓属 *Leucomium*

383. 白藓 *Leucomium strumosum*（Hornsch.）Mitt.

（一二六）黄檗属 *Phellodendron*

384. 黄檗 *Phellodendron amurense* Rupr.

三十四、远志科 Polygalaceae

（一二七）远志属 *Polygala*

385. 西伯利亚远志 *Polygala sibirica* L.

386. 远志 *Polygala tenuifolia* Willd.

三十五、槭树科 Aceraceae

（一二八）槭属 *Acer*

387. 茶条槭 *Acer ginnala* Maxim.

388. 小楷槭 *Acer komarovii* Pojark.

389. 色木槭 *Acer pictum* subsp. *mono* Maxim.

390. 青楷槭 *Acer tegmentosum* Maxim.

391. 花楷槭 *Acer ukurunduense* Trautv. et Mey.

三十六、凤仙花科 Balsaminaceae

（一二九）凤仙花属 *Impatiens*

392. 水金凤 *Impatiens noli-tangere* L.

三十七、卫矛科 Celastraceae

（一三〇）南蛇藤属 *Celastrus*

393. 刺南蛇藤 *Celastrus flagellaris* Rupr.

（一三一）卫矛属 *Euonymus*

394. 卫矛 *Euonymus alatus*（Thunb.）Sieb.

395. 毛脉卫矛 *Euonymus alatus*（Thunb.）Sieb. var. *pubescens* Maxim.

396. 白杜卫矛 *Euonymus bungeanus* Maxim.

397. 华北卫矛 *Euonymus maackii* Rupr.

398. 翅卫矛 *Euonymus macropterus* Rupr.

399. 瘤枝卫矛 *Euonymus pauciflorus* Maxim.

（一三二）雷公藤属 *Tripterygium*

400. 东北雷公藤 *Tripterygium regelii* Sprague et Tekeda

三十八、鼠李科 Rhamnaceae

（一三三）鼠李属 *Rhamnus*

401. 鼠李 *Rhamnus davurica* Pall.

402. 金刚鼠李 *Rhamnus diamantiaca* Nakai

403. 乌苏里鼠李 *Rhamnus ussuriensis* J. Vass.

404. 东北鼠李 *Rhamnus yoshino*i Makino

三十九、葡萄科 Vitaceae

（一三四）葡萄属 *Vitis*

405. 山葡萄 *Vitis amurensis* Rupr.

四十、椴树科 Tiliaceae

（一三五）椴树属 *Tilia*

406. 紫椴 *Tilia amurensis* Rupr.

407. 小叶紫椴 *Tilia amurensis* Rupr. var. *taquetii* （Schneid.）Liou et Li

408. 糠椴 *Tilia mandshurica* Rupr. et Maxim.

409. 西伯利亚椴 *Tilia sibirica* Fisch. ex Bayer

四十一、锦葵科 Malvaceae

（一三六）苘麻属 *Abutilon*

410. 苘麻 *Abutilon theophrasti* Medic.

（一三七）木槿属 *Hibiscus*

411. 野西瓜苗 *Hibiscus trionum* L.

（一三八）锦葵属 *Malva*

412. 北锦葵 *Malva mohileviensis* Dow.

四十二、瑞香科 Thymelaeaceae

（一三九）狼毒属 *Stellera*

413. 狼毒 *Stellera chamaejasme* L.

四十三、堇菜科 Violaceae

（一四〇）堇菜属 *Viola*

414. 鸡腿堇菜 *Viola acuminata* Ledeb.

415. 额穆尔堇菜 *Viola amurica* W. Bckr.

416. 兴安圆叶堇菜 *Viola brachyceras* Turcz.

417. 球果堇菜 *Viola collina* Bess.

418. 掌叶堇菜 *Viola dactyloides* Roem.

419. 溪堇菜 *Viola epipsila* Ledeb.

420. 兴安堇菜 *Viola gmeliniana* Toem. et Schult.

421. 东北堇菜 *Viola mandshurica* W. Bckr.

422. 奇异堇菜 *Viola mirabilis* L.

423. 蒙古堇菜 *Viola mongolica* Franch.

424. 大黄花堇菜 *Viola muehldorfii* Kiss.

425. 白花堇菜 *Viola patrinii* DC. ex Ging.

426. 立堇菜 *Viola raddeana* Regel

427. 库页堇菜 *Viola sacchalinensis* De Boiss.

428. 深山堇菜 *Viola selkirkii* Pursh

429. 堇菜 *Viola verecunda* A. Gray

四十四、葫芦科 Cucurbitaceae

（一四一）盒子草属 *Actinostemma*

430. 盒子草 *Actinostemma tenerum* Griff.

四十五、千屈菜科 Lythraceae

（一四二）千屈菜属 *Lythrum*

431. 千屈菜 *Lythrum salicaria* L.

四十六、柳叶菜科 Onagraceae

（一四三）柳兰属 *Chamerion*

432. 柳兰 *Chamerion angustifolium*（L.）Scop.

（一四四）露珠草属 *Circaea*

433. 高山露珠草 *Circaea alpine* L.

434. 深山露珠草 *Circaea alpina* L. var. *caulescens* Kom.

435. 露珠草 *Circaea cordata* Royle

436. 水珠草 *Circaea canadensis* subsp. *quadrisulcata*（Maxim.）Franch.

（一四五）柳叶菜属 *Epilobium*

437. 东北柳叶菜 *Epilobium cylindrostigma* Kom.

438. 多枝柳叶菜 *Epilobium fastigiato-ramosum* Nakai

439. 水湿柳叶菜 *Epilobium palustre* L.

四十七、小二仙草科 Haloragidaceae

（一四六）狐尾藻属 *Myriophyllum*

440. 狐尾藻 *Myriophyllum verticillatum* L.

四十八、杉叶藻科 Hippuridaceae

（一四七）杉叶藻属 *Hippuris*

441. 杉叶藻 *Hippuris vulgaris* L.

四十九、山茱萸科 Cornaceae

（一四八）山茱萸属 *Cornus*

442. 草茱萸 *Cornus canadensis* L.

（一四九）梾木属 *Cornus*

443. 红瑞木 *Cornus alba* L.

五十、五加科 Araliaceae

（一五〇）五加属 *Eleutherococcus*

444. 刺五加 *Eleutherococcus senticosus*（Rupr. et Maxim.）Harms.

445. 无梗五加 *Eleutherococcus sessiliflorus*（Rupr. et Maxim.）Seem.

（一五一）楤木属 *Aralia*

446. 辽东楤木 *Aralia elata*（Miq.）Seem.

五十一、伞形科 Umbelliferae

（一五二）羊角芹属 *Aegopodium*

447. 东北羊角芹 *Aegopodium alpestre* Ledeb.

（一五三）当归属 *Angelica*

448. 狭叶当归 *Angelica anomala* Lallem.

449. 黑水当归 *Angelica cincta* Boiss.

450. 白芷 *Angelica dahurica*（Fisch.）Benth. et Hook. ex Franch. et Sav.

（一五四）柴胡属 *Bupleurum*

451. 北柴胡 *Bupleurum chinense* DC.

452. 柞柴胡 *Bupleurum komarovianum* Lincz.

453. 大叶柴胡 *Bupleurum longiradiatum* Turcz.

454. 红柴胡 *Bupleurum scorzoneraefolium* Willd.

455. 兴安柴胡 *Bupleurum sibiricum* De Vest

（一五五）毒芹属 *Cicuta*

456. 毒芹 *Cicuta virosa* L.

457. 细叶毒芹 *Cicuta virosa* L. f. *angustifolia*（Kitaibel）Schube

（一五六）柳叶芹属 *Czernaevia*

458. 柳叶芹 *Czernaevia laevigata* Turcz.

（一五七）牛防风属 *Heracleum*

459. 兴安牛防风 *Heracleum dissectum* Ledeb.

460. 东北牛防风 *Heracleum moellendorffii* Hance

（一五八）香芹属 *Libanotis*

461. 香芹 *Libanotis seseloides* Turcz.

（一五九）水芹属 *Oenanthe*

462. 水芹 *Oenanthe javanica*（Blume）DC.

（一六〇）山芹属 *Ostericum*

463. 全叶山芹 *Ostericum maximowiczii*（Fr. Schmidt ex Maxim.）Kitag.

464. 大全叶山芹 *Ostericum maximowiczii*（Fr. Schmidt ex Maxim.）Kitag. var. *australe*（Kom.）Kitag.

（一六一）石防风属 *Peucedanum*

465. 刺尖石防风 *Peucedanum elegans* Kom.

466. 石防风 *Peucedanum terebinthaceum*（Fisch.）Fisch. ex Turcz.

467. 白山石防风 *Peucedanum terebinthaceum*（Fisch.）Fisch. ex Turcz. var. *paishanense*（Nakai）Huang.

（一六二）茴芹属 *Pimpinella*

468. 蛇床茴芹 *Pimpinella cnidioides* Pearson ex Wolff

469. 东北茴芹 *Pimpinella thellungiana* Wolff

（一六三）变豆菜属 *Sanicula*

470. 变豆菜 *Sanicula chinensis* Bunge

471. 紫花变豆菜 *Sanicula rubriflora* Fr. Schmidt

（一六四）防风属 *Saposhnikovia*

472. 防风 *Saposhnikovia divaricata*（Turcz.）Schischk.

（一六五）泽芹属 *Sium*

473. 泽芹 *Sium suave* Walt.

（一六六）高山芹属 *Coelopleurum*

474. 高山芹 *Coelopleurum saxatile*（Turcz.）Drude

（一六七）葛缕子属 *Carum*

475. 葛缕子 *Carum carvi* L.

五十二、鹿蹄草科 Pyrolaceae

（一六八）独丽花属 *Moneses*

476. 独丽花 *Moneses uniflora*（L.）A. Gray

（一六九）单侧花属 *Orthilia*

477. 钝叶单侧花 *Orthilia obtusata*（Turcz.）Hara

478. 单侧花 *Orthilia secunda*（L.）House

（一七〇）鹿蹄草属 *Pyrola*

479. 兴安鹿蹄草 *Pyrola dahurica*（H. Andr.）Kom.

480. 红花鹿蹄草 *Pyrola incarnata* Fisch. ex DC.

481. 日本鹿蹄草 *Pyrola japonica* Klenze ex Alef.

482. 肾叶鹿蹄草 *Pyrola renifolia* Maxim.

483. 鹿蹄草 *Pyrola rotundifolia* L.

五十三、杜鹃花科 Ericaceae

（一七一）地桂属 *Chamaedaphne*

484. 地桂 *Chamaedaphne calyculata* （L.）Moench

（一七二）杜香属 *Ledum*

485. 细叶杜香 *Ledum palustre* L.

486. 宽叶杜香 *Ledum palustre* L. var. *dilatatum* Wahlenb.

（一七三）杜鹃花属 *Rhododendron*

487. 兴安杜鹃 *Rhododendron dauricum* L.

（一七四）越橘属 *Vaccinium*

488. 笃斯越橘 *Vaccinium uliginosum* L.

489. 越橘 *Vaccinium vitis-idaea* L.

五十四、报春花科 Primulaceae

（一七五）点地梅属 *Androsace*

490. 东北点地梅 *Androsace filiformis* Retz.

491. 点地梅 *Androsace umbellata* （Lour.）Merr.

（一七六）珍珠菜属 *Lysimachia*

492. 狼尾花 *Lysimachia barystachys* Bunge

493. 黄连花 *Lysimachia davurica* Ledeb.

494. 球尾花 *Lysimachia thyrsiflora* L.

（一七七）报春花属 *Primula*

495. 裸报春 *Primula farinosa* L. var. *denudata* Koch.

496. 箭报春 *Primula fistulosa* Turkev.

497. 樱草 *Primula sieboldii* E. Morren

（一七八）七瓣莲属 *Trientalis*

498. 七瓣莲 *Trientalis europaea* L.

五十五、木犀科 Oleaceae

（一七九）梣属 *Fraxinus*

499. 水曲柳 *Fraxinus mandshurica* Rupr.

（一八〇）丁香属 *Syringa*

500. 网脉丁香 *Syringa reticulata* （Blume）Hara var. *mandshurica* （Maxim.）Hara

五十六、龙胆科 Gentianaceae

（一八一）龙胆属 *Gentiana*

501. 大叶龙胆 *Gentiana macrophylla* Pall.

502. 东北龙胆 *Gentiana manshurica* Kitag.

503. 龙胆 *Gentiana scabra* Bunge

504. 三花龙胆 *Gentiana triflora* Pall.

505. 朝鲜龙胆 *Gentiana uchiyamae* Nakai

（一八二）扁蕾属 *Gentianopsis*

506. 扁蕾 *Gentianopsis barbata*（Froel）Ma

507. 中国扁蕾 *Gentianopsis barbata* var. *sinensis* Ma

（一八三）花锚属 *Halenia*

508. 花锚 *Halenia corniculata*（L.）Cornaz

（一八四）獐牙菜属 *Swertia*

509. 北方獐牙菜 *Swertia diluta*（Turcz.）Benth. et Hook

510. 瘤毛獐牙菜 *Swertia pseudochinensis* Hara

五十七、睡菜科 Menyanthaceae

（一八五）睡菜属 *Menyanthes*

511. 睡菜 *Menyanthes trifoliata* L.

（一八六）荇菜属 *Nymphoides*

512. 荇菜 *Nymphoides peltata*（S. G. Gmel.）O. Kuntze

五十八、萝藦科 Asclepiadaceae

（一八七）鹅绒藤属 *Cynanchum*

513. 白薇 *Cynanchum atratum* Bunge

514. 徐长卿 *Cynanchum paniculatum*（Bunge）Kitag.

515. 蔓白前 *Cynanchum volubile*（Maxim.）Forb. et Hemsl.

（一八八）萝藦属 *Metaplexis*

516. 萝藦 *Metaplexis japonica*（Thunb.）Makino

五十九、茜草科 Rubiaceae

（一八九）车叶草属 *Asperula*

517. 异叶车叶草 *Asperula maximowiczii* Kom.

（一九〇）拉拉藤属 *Galium*

518. 北方拉拉藤 *Galium boreale* L.

519. 硬毛拉拉藤 *Galium boreale* L. var. *ciliatum* Nakai

520. 宽叶拉拉藤 *Galium boreale* L. var. *latifolia* Turcz.

521. 光果拉拉藤 *Galium boreale* L. var. *leiocarpum* Nakai

522. 大叶猪殃殃 *Galium dahuricum* Turcz.

523. 东北猪殃殃 *Galium dahuricum* var. *lasiocarpum* (Makino) Nakai

524. 林猪殃殃 *Galium paradoxum* Maxim.

525. 山猪殃殃 *Galium pseudoasprellum* Makino

526. 小叶猪殃殃 *Galium trifidum* L.

527. 蓬子菜 *Galium verum* L.

(一九一) 茜草属 *Rubia*

528. 中国茜草 *Rubia chinensis* Regel et Maack

529. 茜草 *Rubia cordifolia* L.

530. 黑果茜草 *Rubia cordifolia* L. var. *pratensis* Maxim.

531. 林茜草 *Rubia cordifolia* L. var. *sylvatica* Maxim.

六十、花葱科 Polemoniaceae

(一九二) 花葱属 *Polemonium*

532. 花葱 *Polemonium liniflorum* V. Vassil.

533. 柔毛花葱 *Polemonium villosum* Rud. ex Georgi

六十一、旋花科 Convolvulaceae

(一九三) 打碗花属 *Calystegia*

534. 毛打碗花 *Calystegia dahurica* (Herb.) Choisy

535. 打碗花 *Calystegia hedracea* Wall.

536. 日本打碗花 *Calystegia japonica* Choisy

537. 宽叶打碗花 *Calystegia sepium* (L.) R. Br. var. *communis* (Tryon) Hara

(一九四) 菟丝子属 *Cuscuta*

538. 金灯藤 *Cuscuta japonica* Choisy

六十二、紫草科 Boraginaceae

(一九五) 山茄子属 *Brachybotrys*

539. 山茄子 *Brachybotrys paridiformis* Maxim.

(一九六) 紫草属 *Lithospermum*

540. 紫草 *Lithospermum erythrorhizon* Sieb. et Zucc.

(一九七) 勿忘草属 *Myosotis*

541. 草原勿忘草 *Myosotis suaveolens* Wald. et Kit

(一九八) 附地菜属 *Trigonotis*

542. 水甸附地菜 *Trigonotis myosotidea* (Maxim.) Maxim.

543. 森林附地菜 *Trigonotis nakaii* Hara

544. 附地菜 *Trigonotis peduncularis*（Tev.）Benth. ex Baker et Moore

545. 北附地菜 *Trigonotis radicans*（Turcz.）Stev.

六十三、水马齿科 Callitrichaceae

（一九九）水马齿属 *Callitriche*

546. 沼生水马齿 *Callitriche palustris* L.

547. 东北水马齿 *Callitriche palustris* L. var. *elegans*（V. Petr.）Y. L. Chang

六十四、唇形科 Lamiaceae

（二○○）筋骨草属 *Ajuga*

548. 多花筋骨草 *Ajuga multiflora* Bunge

（二○一）水棘针属 *Amethystea*

549. 水棘针 *Amethystea caerulea* L.

（二○二）风轮菜属 *Clinopodium*

550. 风车草 *Clinopodium chinense* O. Kuntze var. *gandiflorum*（Maxim.）Hara

（二○三）青兰属 *Dracocephalum*

551. 光萼青兰 *Dracocephalum argunense* Fisch. ex Link

（二○四）香薷属 *Elsholtzia*

552. 香薷 *Elsholtzia ciliata*（Thunb.）Hyland.

（二○五）鼬瓣花属 *Galeopsis*

553. 鼬瓣花 *Galeopsis bifida* Boenn.

（二○六）活血丹属 *Glechoma*

554. 活血丹 *Glechoma hederacea* L. var. *longituba* Nakai

（二○七）夏至草属 *Lagopsis*

555. 夏至草 *Lagopsis supina*（Steph.）Ik. -Gal. ex Knorr.

（二○八）野芝麻属 *Lamium*

556. 野芝麻 *Lamium album* L.

（二○九）益母草属 *Leonurus*

557. 益母草 *Leonurus japonicus* Houtt.

558. 白花益母草 *Leonurus japonicus* Houtt. f. *albiforus*（Migo）Y. C. Chu

559. 兴安益母草 *Leonurus tataricus* L.

（二一○）地瓜苗属 *Lycopus*

560. 地瓜苗 *Lycopus lucidus* Turcz.

（二一一）薄荷属 *Mentha*

561. 兴安薄荷 *Mentha dahurica* Fisch. ex Benth.

562. 薄荷 *Mentha haplocalyx* Briq.

（二一二）香茶菜属 *Isodon*

563. 尾叶香茶菜 *Isodon excisus* Maxim.

564. 蓝萼香茶菜 *Isodon japonicus*（Burm.）Koidz. var. *glaucocalyx*（Maxim.）Koidz.

（二一三）夏枯草属 *Prunella*

565. 东北夏枯草 *Prunella asiatica* Nakai

（二一四）裂叶荆芥属 *Nepeta*

566. 多裂叶荆芥 *Nepeta multifida* L.

（二一五）黄芩属 *Scutellaria*

567. 黄芩 *Scutellaria baicalensis* Georgi

568. 纤弱黄芩 *Scutellaria dependens* Maxim.

569. 乌苏里黄芩 *Scutellaria pekinensis* Maxim. var. *ussuriensis*（Regei）Hand. -Mazz.

570. 狭叶黄芩 *Scutellaria regeliana* Nakai

571. 并头黄芩 *Scutellaria scordifolia* Fisch. ex Schrank

572. 图们黄芩 *Scutellaria tuminensis* Nakai

（二一六）水苏属 *Stachys*

573. 毛水苏 *Stachys baicalensis* Fisch. ex Benth.

574. 华水苏 *Stachys chinensis* Bunge ex Benth.

（二一七）百里香属 *Thymus*

575. 兴安百里香 *Thymus dahuricus* Serg.

576. 宽叶兴安百里香 *Thymus dahuricus* Serg. f. *latifolius* Serg.

六十五、茄科 Solanaceae

（二一八）茄属 *Solanum*

577. 龙葵 *Solanum nigrum* L.

六十六、玄参科 Scrophulariaceae

（二一九）火焰草属 *Castilleja*

578. 火焰草 *Castilleja pallida*（L.）Kunth

（二二〇）小米草属 *Euphrasia*

579. 东北小米草 *Euphrasia amurensis* Freyn

580. 芒小米草 *Euphrasia pectinata* subsp. *simplex*（Freyn）Hong

（二二一）水茫草属 *Limosella*

581. 水茫草 *Limosella aquatica* L.

（二二二）柳穿鱼属 *Linaria*

582. 柳穿鱼 *Linaria vulgaris* L. var. *sinensis* Bebeaux

（二二三）山罗花属 *Melampyrum*

583. 山罗花 *Melampyrum roseum* Maxim.

（二二四）疗齿草属 *Odontites*

584. 疗齿草 *Odontites vulgaris* Moench

（二二五）马先蒿属 *Pedicularis*

585. 野苏子 *Pedicularis grandiflora* Fisch.

586. 返顾马先蒿 *Pedicularis resupinata* L.

587. 毛返顾马先蒿 *Pedicularis resupinata* L. var. *pubescens* Nakai

588. 红色马先蒿 *Pedicularis rubens* Steph. ex Willd.

589. 旌节马先蒿 *Pedicularis sceptrum-carolinum* L.

590. 穗花马先蒿 *Pedicularis spicata* Pall.

591. 红纹马先蒿 *Pedicularis striata* Pall.

592. 秀丽马先蒿 *Pedicularis venusta* Schang. ex Bunge

（二二六）松蒿属 *Phtheirospermum*

593. 松蒿 *Phtheirospermum japonicum*（Thunb.）Kanitz.

（二二七）阴行草属 *Siphonostegia*

594. 阴行草 *Siphonostegia chinensis* Benth.

（二二八）婆婆纳属 *Veronica*

595. 细叶婆婆纳 *Veronica linariifolia* Pall. ex Link

596. 长尾婆婆纳 *Veronica longifolia* L.

597. 东北婆婆纳 *Veronica rotunda* Nakai var. *subintegra*（Nakai）Yamazaki

（二二九）草灵仙属 *Veronicastrum*

598. 草本威灵仙 *Veronicastrum sibiricum*（L.）Pennell

599. 管花腹水草 *Veronicastrum tubiflorum*（Fisch. et C. A. Mey.）Hara

六十七、列当科 Orobanchaceae

（二三〇）列当属 *Orobanche*

600. 黑水列当 *Orobanche pycnostachya* var. *amurensis* G. Beck

601. 列当 *Orobanche coerulescens* Steph.

602. 黄花列当 *Orobanche pycnostachya* Hance

六十八、狸藻科 Lentibulariaceae

（二三一）狸藻属 *Utricularia*

603. 异枝狸藻 *Utricularia intermedia* Hayen

604. 狸藻 *Utricularia vulgaris* L.

六十九、透骨草科 Phrymaceae

（二三二）透骨草属 *Phryma*

605. 透骨草 *Phryma leptostachya* L. var. *asiatica* Hara

606. 黑穗透骨草 *Phryma leptostachya* L. var. *asiatica* Hara f. *melanostachya* Kitag.

七十、车前科 Plantaginaceae

（二三三）车前属 *Plantago*

607. 车前 *Plantago asiatica* L.

608. 平车前 *Plantago depressa* Willd.

609. 大车前 *Plantago major* L.

七十一、忍冬科 Caprifoliaceae

（二三四）北极花属 *Linnaea*

610. 北极花 *Linnaea borealis* L.

（二三五）忍冬属 *Lonicera*

611. 黄花忍冬 *Lonicera chrysantha* Turcz.

612. 柔毛黄花忍冬 *Lonicera chrysantha* Turcz. f. *villosa* Rehd.

613. 蓝靛果忍冬 *Lonicera caerulea*

614. 金银忍冬 *Lonicera maackii*（Rupr.）Maxim.

615. 早花忍冬 *Lonicera praeflorens* Batalin

616. 长白忍冬 *Lonicera ruprechtiana* Regel

（二三六）接骨木属 *Sambucus*

617. 毛接骨木 *Sambucus buergeriana* Blume ex Nakai

618. 东北接骨木 *Sambucus manshurica* Kitag.

619. 接骨木 *Sambucus williamsii* Hance

620. 朝鲜接骨木 *Sambucus williamsii* Hance var. *coreana*（Nakai）Nakai

（二三七）荚蒾属 *Viburnum*

621. 暖木条荚蒾 *Viburnum burejaeticum* Regel et Herd.

622. 鸡树条荚蒾 *Viburnum opulus* subsp. *calvescens*（Rehder）Sugimoto

七十二、五福花科 Adoxaceae

（二三八）五福花属 *Adoxa*

623. 五福花 *Adoxa moschatellina* L.

七十三、败酱科 Valerianaceae

（二三九）败酱属 *Patrinia*

624. 岩败酱 *Patrinia rupestris*（Pall.）Dufr.

625. 败酱 *Patrinia scabiosifolia* Link

（二四〇）缬草属 *Valeriana*

626. 缬草 *Valeriana officinalis* L.

627. 毛节缬草 *Valeriana officinalis* L. var. *stolonifera* Bar. et Skv.

628. 黑水缬草 *Valeriana amurensis* Smirn. ex Kom.

629. 北缬草 *Valeriana fauriei* Briq.

七十四、川续断科 Dipsacaceae

（二四一）蓝盆花属 *Scabiosa*

630. 窄叶蓝盆花 *Scabiosa comosa* Fisch. ex Roem. et Schult.

631. 蓝盆花 *Scabiosa comosa* Fisch. ex Roem. et Schult.

七十五、桔梗科 Campanulaceae

（二四二）沙参属 *Adenophora*

632. 展枝沙参 *Adenophora divaricata* Franch. et Sav.

633. 狭叶沙参 *Adenophora gmelinii* (Spreng.) Fisch.

634. 长白沙参 *Adenophora pereskiifolia* (Fisch. ex Roem. et Schult) G. Don

635. 长叶沙参 *Adenophora pereskiifolia* (Fisch. ex Roem. et Schult) G. Don var. *alternifolia* Fuh ex Y. Z. Zhao

636. 轮叶沙参 *Adenophora tetraphylla* (Thunb.) Fisch.

637. 狭轮叶沙参 *Adenophora tetraphylla* (Thunb.) Fisch. f. *angustifolia* (Regel) C. Y. Li

638. 锯齿沙参 *Adenophora tricuspidata* (Fisch. ex Roem. et Schult) A. DC.

（二四三）风铃草属 *Campanula*

639. 北疆风铃草 *Campanula glomerata* L.

640. 毛聚花风铃草 *Campanula glomerata* L. var. *salvifolia* Wallr.

641. 紫斑风铃草 *Campanula punctata* Lam.

（二四四）党参属 *Codonopsis*

642. 羊乳 *Codonopsis lanceolata* (Sieb. et Zucc.) Trautv.

643. 党参 *Codonopsis pilosula* (Franch.) Nannf.

644. 雀斑党参 *Codonopsis ussuriensis* (Rupr. et Maxim.) Hemsl.

（二四五）半边莲属 *Lobelia*

645. 山梗菜 *Lobelia sessilifolia* Lamb.

（二四六）桔梗属 *Platycodon*

646. 桔梗 *Platycodon grandiflorus* (Jacq.) DC.

七十六、菊科 Asteraceae

（二四七）蓍属 *Achillea*

647. 齿叶蓍 *Achillea acuminata*（Ledeb.）Sch. -Bip.

648. 高山蓍 *Achillea alpina* L.

649. 亚洲蓍 *Achillea asiatica* Serg.

650. 短瓣蓍 *Achillea ptarmicoides* Maxim.

（二四八）猫儿菊属 *Hypochaeris*

651. 猫儿菊 *Hypochaeris ciliata*（Thunb.）Makina

（二四九）和尚菜属 *Adenocaulon*

652. 腺梗菜 *Adenocaulon himalaicum* Edgew.

（二五〇）亚菊属 *Ajania*

653. 亚菊 *Ajania pallasiana*（Fisch. ex Bess.）Poljak.

（二五一）牛蒡属 *Arctium*

654. 牛蒡 *Arctium lappa* L.

（二五二）蒿属 *Artemisia*

655. 黄花蒿 *Artemisia annua* L.

656. 艾蒿 *Artemisia argyi* Levl. et Vant.

657. 朝鲜艾蒿 *Artemisia argyi* Levl. et Vant. var. *gracilis* Pamp.

658. 茵陈蒿 *Artemisia capillaris* Thunb.

659. 沙蒿 *Artemisia desertorum* Spreng

660. 歧茎蒿 *Artemisia igniaria* Maxim.

661. 柳蒿 *Artemisia integrifolia* L.

662. 牡蒿 *Artemisia japonica* Thunb.

663. 狭叶牡蒿 *Artemisia japonica* Thunb. var. *angustissima*（Nakai）Kitam.

664. 菴闾 *Artemisia keiskeana* Miq.

665. 白山蒿 *Artemisia lagocephala*（Fisch. ex Bess.）DC.

666. 宽叶蒿 *Artemisia latifolia* Ledeb.

667. 柔毛蒿 *Artemisia pubescens* Ledeb.

668. 红足蒿 *Artemisia rubripes* Nakai

669. 白莲蒿 *Artemisia stechmanniana* Bess.

670. 猪毛蒿 *Artemisia scoparia* Wald. et Kit.

671. 水蒿 *Artemisia selengensis* Turcz. ex Bess.

672. 大籽蒿 *Artemisia sieversiana* Ehrh. ex Willd.

673. 宽叶山蒿 *Artemisia stolonifera*（Maxim.）Kom.

674. 线叶蒿 *Artemisia subulata* Nakai

675. 裂叶蒿 *Artemisia tanacetifolia* L.

676. 野艾蒿 *Artemisia umbrosa*（Bess.）Turcz.

（二五三）紫菀属 *Aster*

677. 三脉紫菀 *Aster trinervius* subsp ageratoides Turcz.

678. 圆苞紫菀 *Aster maackii* Regel

679. 紫菀 *Aster tataricus* L. f.

（二五四）苍术属 *Atractylodes*

680. 苍术 *Atractylodes lancea*（Thunb.）DC.

（二五五）鬼针草属 *Bidens*

681. 羽叶鬼针草 *Bidens maximowicziana* Oett.

682. 兴安鬼针草 *Bidens radiata* Thuill.

（二五六）蟹甲草属 *Parasenecio*

683. 耳叶蟹甲草 *Parasenecio auriculatus* DC.

684. 大耳叶蟹甲草 *Parasenecio auriculatus* DC. var. *Praetermissa*（Pojark.）W. Wang et C. Y. Li comb. nov.

685. 山尖子 *Parasenecio hastata* L.

686. 星叶蟹甲草 *Parasenecio komaroviana*（Poljark.）Poljark.

（二五七）飞廉属 *Carduus*

687. 丝毛飞廉 *Carduus crispus* L.

（二五八）金挖耳属 *Carpesium*

688. 暗花金挖耳 *Carpesium triste* Maxim.

（二五九）菊属 *Chrysanthemum*

689. 小红菊 *Chrysanthemum chanetii* Levl.

690. 紫花野菊 *Chrysanthemum zawadskii* Herb.

691. 楔叶菊 *Chrysanthemum naktongense* Nakai

（二六〇）蓟属 *Cirsium*

692. 野蓟 *Cirsium maackii* Maxim.

693. 烟管蓟 *Cirsium pendulum* Fisch. ex DC.

694. 林蓟 *Cirsium schantarense* Trautv. et Mey.

695. 刺儿菜 *Cirsium arvense* var. *integrifolium* C. Wimm. et Grabowski

696. 大刺儿菜 *Cirsium setosum*（Willd.）Bieb.

697. 绒背蓟 *Cirsium vlassovianum* Fisch. ex DC.

（二六一）还阳参属 *Crepis*

698. 屋根草 *Crepis tectorum* L.

（二六二）东风菜属 *Doellingeria*

699. 东风菜 *Doellingeria scaber*（Thunb.）Nees

（二六三）飞蓬属 *Erigeron*

700. 飞蓬 *Erigeron acris* L.

701. 东北飞蓬 *Erigeron acris* L. var. *manshuricus* Kom.

702. 长茎飞蓬 *Erigeron acris* subsp. *politus*（Friec）H. Lindberg

（二六四）线叶菊属 *Filifolium*

703. 线叶菊 *Filifolium sibiricum*（L.）Kitam.

（二六五）乳菀属 *Galatella*

704. 兴安乳菀 *Galatella dahurica* DC.

（二六六）鼠曲草属 *Gnaphalium*

705. 东北鼠曲草 *Gnaphalium mandshuricum* Kirp.

706. 湿生鼠曲草 *Gnaphalium tranzschelii* Kirp.

（二六七）泥胡菜属 *Hemisteptia*

707. 泥胡菜 *Hemisteptia lyrata* Bunge

（二六八）狗娃花属 *Heteropappus*

708. 狗娃花 *Heteropappus hispidus*（Thunb.）Less.

（二六九）山柳菊属 *Hieracium*

709. 宽叶山柳菊 *Hieracium coreanum* Nakai

710. 伞花山柳菊 *Hieracium umbellatum* L.

（二七〇）旋覆花属 *Inula*

711. 欧亚旋覆花 *Inula britannica* L.

712. 旋覆花 *Inula japonica* Thunb.

713. 多枝旋覆花 *Inula japonica* Thunb. var. *ramosa*（Kom.）

714. 线叶旋覆花 *Inula linariifolia* Turcz.

（二七一）苦荬菜属 *Ixeris*

715. 山苦荬 *Ixeris chinensis*（Thunb.）Nakai

716. 丝叶苦荬 *Ixeris chinensis*（Thunb.）Nakai var. *graminifolia*（Ledeb.）H. C. Fu

717. 苦荬菜 *Ixeris denticulata* Stebb.

718. 抱茎苦荬菜 *Ixeris sonchifolia*（Bunge）Hance

（二七二）马兰属 *Kalimeris*

719. 全叶马兰 *Kalimeris integrifolia* Turcz. ex DC.

720. 山马兰 *Kalimeris lautureana*（Debex.）Kitam.

721. 蒙古马兰 *Kalimeris mongolica*（Franch.）Kitam.

（二七三）莴苣属 *Lactuca*

722. 山莴苣 *Lactuca indica* L.

723. 毛脉山莴苣 *Lactuca raddeana* Maxim.

724. 北山莴苣 *Lactuca sibirica*（L.）Benth. ex Maxim.

725. 翼柄山莴苣 *Lactuca triangulata* Maxim.

（二七四）大丁草属 *Leibnitzia*

726. 大丁草 *Leibnitzia anandria*（L.）Turcz.

（二七五）火绒草属 *Leontopodium*

727. 火绒草 *Leontopodium leontopodioides*（Willd.）Beauv.

（二七六）橐吾属 *Ligularia*

728. 蹄叶橐吾 *Ligularia fischeri*（Ledeb.）Turcz.

729. 全缘橐吾 *Ligularia mongolica*（Turcz.）DC.

730. 橐吾 *Ligularia sibirica*（L.）Cass.

（二七七）毛连菜属 *Picris*

731. 兴安毛连菜 *Picris davurica* Fisch. ex Hornem.

（二七八）风毛菊属 *Saussurea*

732. 龙江风毛菊 *Saussurea amurensis* Turcz. ex DC.

733. 卵叶风毛菊 *Saussurea grandifolia* Maxim.

734. 东北风毛菊 *Saussurea manshurica* Kom.

735. 齿叶风毛菊 *Saussurea neoserrata* Nakai

736. 齿苞风毛菊 *Saussurea odontolepis*（Herd.）Sch. -Bip. ex Herd.

737. 小花风毛菊 *Saussurea parviflora*（Poiret）DC.

738. 球花风毛菊 *Saussurea pulchella* Fisch. ex DC.

739. 折苞风毛菊 *Saussurea recurvata*（Maxim.）Lipsch.

740. 亚卷苞风毛菊 *Saussurea sclerolepis* Nakai et Kitag. var. *parasclerolepis*（Bar. et Skv.）C. Y. Li

741. 林风毛菊 *Saussurea sinuata* Kom.

742. 亚毛苞风毛菊 *Saussurea subtriangulata* Kom.

743. 毛苞风毛菊 *Saussurea triangulata* Trautv. et Mey.

744. 山风毛菊 *Saussurea umbrosa* Kom.

（二七九）鸦葱属 *Scorzonera*

745. 笔管草 *Scorzonera albicaulis* Bunge

746. 狭叶鸦葱 *Scorzonera radiata* Fisch. ex Ledeb.

（二八〇）千里光属 *Senecio*

747. 羽叶千里光 *Senecio argunensis* Turcz.

748. 麻叶千里光 *Senecio cannabifolius* Less.

749. 黄菀 *Senecio nemorensis* L.

（二八一）麻花头属 *Klasea*

750. 麻花头 *Klasea centauroides* L.

751. 钟苞麻花头 *Klasea centauroides*

752. 多花麻花头 *Klasea centauroides* subsp. *polycephala* Iljin

（二八二）一枝黄花属 *Solidago*

753. 兴安一枝黄花 *Solidago virgaurea* L. var. *dahurica* Kitag.

（二八三）苦苣菜属 *Sonchus*

754. 续断菊 *Sonchus asper*（L.）Hill.

755. 苣荬菜 *Sonchus brachyotus* DC.

756. 苦苣菜 *Sonchus oleraceus* L.

（二八四）兔儿伞属 *Syneilesis*

757. 兔儿伞 *Syneilesis aconitifolia*（Bunge）Maxim.

（二八五）山牛蒡属 *Synurus*

758. 山牛蒡 *Synurus deltoides*（Ait.）Nakai

（二八六）菊蒿属 *Tanacetum*

759. 菊蒿 *Tanacetum vulgare* L.

（二八七）蒲公英属 *Taraxacum*

760. 芥叶蒲公英 *Taraxacum brassicaefolium* Kitag.

761. 光苞蒲公英 *Taraxacum lamprolepis* Kitag.

762. 辽东蒲公英 *Taraxacum liaotungense* Kitag.

763. 东北蒲公英 *Taraxacum ohwianum* Kitam.

（二八八）狗舌草属 *Tephroseris*

764. 狗舌草 *Tephroseris kirilowii*（Turcz. ex DC.）Holub

765. 北狗舌草 *Tephroseris kirilowii*（Turcz. ex DC.）Holub f. *spathulatus*（Miq.）R. Yin et C. Y. Li comb nov.

766. 红轮狗舌草 *Tephroseris flammea*（Turcz. ex DC.）Holub.

767. 尖齿狗舌草 *Tephroseris subdentata*（Bunge）Holub

（二八九）三肋果属 *Tripleurospermum*

768. 东北三肋果 *Tripleurospermum tetragonospermum*（Fr. Schmidt）Pobed.

（二九〇）碱菀属 *Tripolium*

769. 碱菀 *Tripolium pannonicum*

（二九一）女菀属 *Turczaninowia*

770. 女菀 *Turczaninowia fastigiata*（Fisch.）DC.

（二九二）苍耳属 *Xanthium*

771. 苍耳 *Xanthium strumarium* L.

七十七、泽泻科 Alismataceae

（二九三）泽泻属 *Alisma*

772. 泽泻 *Alisma orientale*（Sam.）Juz.

（二九四）慈姑属 *Sagittaria*

773. 小慈姑 *Sagittaria natans* Pall.

七十八、水麦冬科 Juncaginaceae

（二九五）水麦冬属 *Triglochin*

774. 水麦冬 *Triglochin palustris* L.

七十九、眼子菜科 Potamogetonaceae

（二九六）眼子菜属 *Potamogeton*

775. 突果眼子菜 *Potamogeton cristatus* Regel et Maack

776. 异叶眼子菜 *Potamogeton gramineus* L.

777. 竹叶眼子菜 *Potamogeton wrightii* Morong

778. 浮叶眼子菜 *Potamogeton natans* L.

779. 篦齿眼子菜 *Potamogeton pectinatus* L.

八十、茨藻科 Najadaceae

（二九七）茨藻属 *Najas*

780. 茨藻 *Najas marina* L.

八十一、百合科 Liliaceae

（二九八）葱属 *Allium*

781. 黄花葱 *Allium condensatum* Turcz.

782. 硬皮葱 *Allium ledebourianum* Roem.

783. 薤白 *Allium macrostemon* Bunge

784. 密花小根蒜 *Allium macrostemon* Bunge var. *uratense*（Franch.）Airy-Shaw.

785. 单花韭 *Allium monanthum* Maxim.

786. 野韭 *Allium ramosum* L.

787. 山韭 *Allium senescens* L.

788. 辉韭 *Allium strictum* Schrad.

789. 细叶韭 *Allium tenuissimum* L.

790. 茖葱 *Allium victorialis* L.

（二九九）知母属 *Anemarrhena*

791. 知母 *Anemarrhena asphodeloides* Bunge

（三〇〇）天门冬属 *Asparagus*

792. 龙须菜 *Asparagus schoberioides* Kunth.

（三〇一）七筋姑属 *Clintonia*

793. 七筋姑 *Clintonia udensis* Trautv. et Mey.

（三〇二）铃兰属 *Convallaria*

794. 铃兰 *Convallaria majalis* L.

（三〇三）万寿竹属 *Disporum*

795. 宝珠草 *Disporum viridescens*（Maxim.）Nakai

（三〇四）贝母属 *Fritillaria*

796. 轮叶贝母 *Fritillaria maximowiczii* Freyn

797. 平贝母 *Fritillaria ussuriensis* Maxim.

798. 黄花贝母 *Fritillaria ussuriensis* Maxim. f. *lutosa* Ding et Fang

（三〇五）顶冰花属 *Gagea*

799. 小顶冰花 *Gagea terraccianoana* Pasch.

800. 朝鲜顶冰花 *Gagea lutea*（L.）Ker.-Gawl. var. *nakaiana*（Kitag.）Q. S. Sun.

（三〇六）萱草属 *Hemerocallis*

801. 黄花菜 *Hemerocallis citrina* Baroni

802. 北黄花菜 *Hemerocallis lilioasphodelus* L.

803. 大苞萱草 *Hemerocallis middendorffii* Trautv. et Mey.

804. 小黄花菜 *Hemerocallis minor* Mill.

（三〇七）百合属 *Lilium*

805. 条叶百合 *Lilium callosum* Sieb. et Zucc.

806. 有斑百合 *Lilium concolor* Salisb. var. *buschianum*（Lodd.）Baker

807. 毛百合 *Lilium dauricum* Ker-Gawl.

808. 东北百合 *Lilium distichum* Nakai

809. 山丹 *Lilium pumilum* DC.

（三〇八）舞鹤草属 *Maianthemum*

810. 二叶舞鹤草 *Maianthemum bifolium*（L.）F. W. Schmidt

（三〇九）重楼属 *Paris*

811. 四叶重楼 *Paris quadrifolia* L.

812. 北重楼 *Paris verticillata* M. -Bieb.

（三一〇）黄精属 *Polygonatum*

813. 长苞黄精 *Polygonatum desoulavyi* Kom.

814. 小玉竹 *Polygonatum humile* Fisch. ex Maxim.

815. 二苞黄精 *Polygonatum involucratum*（Franch. et Sav.）Maxim.

816. 玉竹 *Polygonatum odoratum*（Mill.）Druce

（三一一）鹿药属 *Smilacina*

817. 兴安鹿药 *Smilacina dahurica* Turcz.

818. 鹿药 *Smilacina japonica* A. Gray

819. 三叶鹿药 *Smilacina trifolia* Desf.

（三一二）藜芦属 *Veratrum*

820. 兴安藜芦 *Veratrum dahuricum*（Turcz.）Loes. f.

821. 毛穗藜芦 *Veratrum maackii* Regel

822. 藜芦 *Veratrum nigrum* L.

823. 尖被藜芦 *Veratrum oxysepalum* Turcz.

（三一三）棋盘花属 *Anticlea*

824. 棋盘花 *Anticlea sibiricus*（L.）A. Gray

八十二、薯蓣科 Dioscoreaceae

（三一四）薯蓣属 *Dioscorea*

825. 穿龙薯蓣 *Dioscorea nipponica* Makino

八十三、雨久花科 Pontederiaceae

（三一五）雨久花属 *Monochoria*

826. 雨久花 *Monochoria korsakowii* Regel et Maack

八十四、鸢尾科 Iridaceae

（三一六）鸢尾属 *Iris*

827. 玉蝉花 *Iris ensata* Thunb.

828. 燕子花 *Iris laevigata* Fisch. et C. A. Mey.

829. 紫苞鸢尾 *Iris ruthenica* Ker-Gawl.

830. 溪荪 *Iris sanguinea* Donn ex Horn.

831. 北陵鸢尾 *Iris typhifolia* Kitag.

832. 单花鸢尾 *Iris uniflora* Pall. ex Link

八十五、灯芯草科 Juncaceae

（三一七）灯芯草属 *Juncus*

833. 小灯芯草 *Juncus bufonius* L.

834. 灯芯草 *Juncus effusus* L.

835. 细灯芯草 *Juncus gracillimus* V. Krecz. et Gontsch.

836. 乳头灯芯草 *Juncus papillosus* Franch. et Sav.

837. 针灯芯草 *Juncus wallichianus* Laharpe

(三一八）地杨梅属 *Luzula*

838. 淡花地杨梅 *Luzula pallescens* Swartz

839. 火红地杨梅 *Luzula rufescens* Fisch. ex E. Mey.

八十六、鸭跖草科 Commelinaceae

(三一九）鸭跖草属 *Commelina*

840. 鸭跖草 *Commelina communis* L.

八十七、禾本科 Poaceae

(三二〇）芨芨草属 *Achnatherum*

841. 远东芨芨草 *Achnatherum pekinense*（Hance）Ohwi

842. 毛颖芨芨草 *Achnatherum pubicalyx*（Ohwi）Keng

(三二一）剪股颖属 *Agrostis*

843. 华北剪股颖 *Agrostis clavata* Trin.

844. 小糠草 *Agrostis gigantea* Roth

845. 西伯利亚剪股颖 *Agrostis sibirica* V. Petr.

846. 匍茎剪股颖 *Agrostis stolonifera* L.

847. 芒剪股颖 *Agrostis vinealis* Schreber

(三二二）看麦娘属 *Alopecurus*

848. 看麦娘 *Alopecurus aequalis* Sobol.

849. 苇状看麦娘 *Alopecurus arundinaceus* Poiret

850. 短穗看麦娘 *Alopecurus brachystachyus* Bieb.

(三二三）茵草属 *Beckmannia*

851. 茵草 *Beckmannia syzigachne*（Steud.）Fern.

(三二四）雀麦属 *Bromus*

852. 无芒雀麦 *Bromus inermis* Leyss.

853. 紧穗雀麦 *Bromus pumpellianus* Scribn.

(三二五）拂子茅属 *Calamagrostis*

854. 小叶章 *Calamagrostis angustifolia* Kom.

855. 野青茅 *Calamagrostis arundinacea*（L.）Roth

856. 短毛野青茅 *Calamagrostis arundinacea* （L.） Roth var. *brachytricha* (Steud.) Hack.

857. 糙毛野青茅 *Calamagrostis arundinacea* （L.） Roth var. *hirsuta* Hack.

858. 拂子茅 *Calamagrostis epigejos* （L.） Roth

859. 大叶章 *Calamagrostis langsdorffii* （Link） Trin.

860. 假苇拂子茅 *Calamagrostis pseudophragmites* （Hall. f.） Koel.

861. 兴安野青茅 *Calamagrostis turczaninowii* Litv.

（三二六）虎尾草属 *Chloris*

862. 虎尾草 *Chloris virgata* Swartz

（三二七）单蕊草属 *Cinna*

863. 单蕊草 *Cinna latifolia* （Trev.） Griseb.

（三二八）龙常草属 *Diarrhena*

864. 小果龙常草 *Diarrhena fauriei* （Hack.） Ohwi

865. 龙常草 *Diarrhena mandshurica* Maxim.

（三二九）马唐属 *Digitaria*

866. 止血马唐 *Digitaria ischaemum* （Schreb.） Schreb.

（三三〇）稗属 *Echinochloa*

867. 野稗 *Echinochloa crus-galli* （L.） Beauv.

（三三一）披碱草属 *Elymus*

868. 披碱草 *Elymus dahuricus* Turcz.

869. 肥披碱草 *Elymus excelsus* Turcz.

870. 老芒麦 *Elymus sibiricus* L.

（三三二）偃麦草属 *Elytrigia*

871. 偃麦草 *Elytrigia repens* （L.） Desv. ex Nevski

（三三三）画眉草属 *Eragrostis*

872. 画眉草 *Eragrostis pilosa* （L.） Beauv.

（三三四）羊茅属 *Festuca*

873. 达乌里羊茅 *Festuca dahurica* （St. Yves） V. Krecz.

874. 远东羊茅 *Festuca extremiorientalis* Ohwi

875. 草甸羊茅 *Festuca pratensis* Huds.

876. 紫羊茅 *Festuca rubra* L.

（三三五）甜茅属 *Glyceria*

877. 散穗甜茅 *Glyceria effusa* Kitag.

878. 假鼠妇草 *Glyceria leptolepis* Ohwi

879. 小甜茅 *Glyceria leptorhiza*（Maxim.）Kom.

880. 狭叶甜茅 *Glyceria spiculosa*（Fr. Schmidt）Rosh.

881. 东北甜茅 *Glyceria triflora*（Korsh.）Kom.

（三三六）异燕麦属 *Helictotrichon*

882. 大穗异燕麦 *Helictotrichon dahuricum*（Kom.）Kitag.

883. 异燕麦 *Helictotrichon schellianum*（Hack.）Kitag.

884. 北异燕麦 *Helictotrichon altius*（Hitchc.）Ohwi

（三三七）黄花茅属 *Anthoxanthum*

885. 光稃茅香 *Anthoxanthum glabrum* Trin.

886. 茅香 *Anthoxanthum nitens*（Weber）Y. Schouten & Veldkamp

（三三八）大麦属 *Hordeum*

887. 短芒大麦草 *Hordeum brevisubulatum*（Trin.）Link

888. 刺稃大麦草 *Hordeum brevisubulatum*（Trin.）Link var. *hirtellum* Chang et Skv.

（三三九）赖草属 *Leymus*

889. 羊草 *Leymus chinensis*（Trin.）Tzvel.

（三四〇）臭草属 *Melica*

890. 大花臭草 *Melica nutans* L.

891. 直穗臭草 *Melica nutans* L. var. *argyrolepis* Kom.

892. 臭草 *Melica scabrosa* Trin.

893. 大臭草 *Melica turczaninowiana* Ohwi

（三四一）粟草属 *Milium*

894. 粟草 *Milium effusum* L.

（三四二）芒属 *Miscanthus*

895. 荻 *Miscanthus sacchariflorus*（Maxim.）Benth.

（三四三）虉草属 *Phalaris*

896. 虉草 *Phalaris arundinacea* L.

（三四四）芦苇属 *Phragmites*

897. 芦苇 *Phragmites australis*（Clav.）Trin.

（三四五）早熟禾属 *Poa*

898. 细叶早熟禾 *Poa pratensis* subsp. *angustfolia* L.

899. 早熟禾 *Poa annua* L.

900. 林地早熟禾 *Poa nemoralis* L.

901. 泽地早熟禾 *Poa palustris* L.

902. 草地早熟禾 *Poa pratensis* L.

903. 假泽早熟禾 *Poa alta* Hitchc.

904. 西伯利亚早熟禾 *Poa sibirica* Rosh.

905. 硬质早熟禾 *Poa sphondylodes* Trin.

906. 散穗早熟禾 *Poa subfastigiata* Trin.

（三四六）碱茅属 *Puccinellia*

907. 鹤甫碱茅 *Puccinellia hauptiana*（V. Krecz.）V. Krecz.

（三四七）鹅观草 *Roegneria*

908. 纤毛鹅观草 *Roegneria ciliaris*（Trin.）Nevski

909. 直穗鹅观草 *Roegneria turczaninovii*（Drob.）Nevski

（三四八）裂稃茅属 *Schizachne*

910. 裂稃茅 *Schizachne purpurascens* subsp. *callosa*（Turcz. ex Griseb.）Ohwi

（三四九）狗尾草属 *Setaria*

911. 大狗尾草 *Setaria faberi* Herm.

912. 狗尾草 *Setaria viridis*（L.）Beauv.

（三五〇）大油芒属 *Spodiopogon*

913. 大油芒 *Spodiopogon sibiricus* Trin.

（三五一）针茅属 *Stipa*

914. 狼针草 *Stipa baicalensis* Rosh.

（三五二）草沙蚕属 *Tripogon*

915. 中华草沙蚕 *Tripogon chinensis*（Franch.）Hack.

（三五三）三毛草属 *Trisetum*

916. 西伯利亚三毛草 *Trisetum sibiricum* Rupr.

917. 穗三毛 *Trisetum spicatum*（L.）Richt.

（三五四）菰属 *Zizania*

918. 菰 *Zizania latifolia*（Griseb.）Stapf

八十八、天南星科 Araceae

（三五五）天南星属 *Arisaema*

919. 天南星 *Arisaema heterophyllum* Blume

920. 东北天南星 *Arisaema amurense* Maxim.

（三五六）水芋属 *Calla*

921. 水芋 *Calla palustris* L.

八十九、浮萍科 Lemnaceae

（三五七）浮萍属 *Lemna*

922. 浮萍 *Lemna minor* L.

（三五八）紫萍属 *Spirodela*

923. 紫萍 *Spirodela polyrhiza* （L.）Schleid.

九十、黑三棱科 Sparganiaceae

（三五九）黑三棱属 *Sparganium*

924. 小黑三棱 *Sparganium emersum* Rehm.

925. 密序黑三棱 *Sparganium glomeratum* Least. ex Beurl.

926. 矮黑三棱 *Sparganium natans* Linnaeus

927. 细茎黑三棱 *Sparganium tenuicaule* D. Yu et Lihua Liu

九十一、香蒲科 Typhaceae

（三六〇）香蒲属 *Typha*

928. 狭叶香蒲 *Typha angustifolia* L.

929. 宽叶香蒲 *Typha latifolia* L.

930. 短穗香蒲 *Typha laxmannii* Lepech.

931. 达香蒲 *Typha laxmannii* Lepech. var. *davidiana* （Kronf.）C. F. Fang

932. 香蒲 *Typha orientalis* Presl.

九十二、莎草科 Cyperaceae

（三六一）苔草属 *Carex*

933. 亚美苔草 *Carex aperta* Boott

934. 灰脉苔草 *Carex appendiculata* （Trautv.）Kükenth.

935. 麻根苔草 *Carex arnellii* Christ ex Scheutz.

936. 丛苔草 *Carex cespitosa* L.

937. 羊胡子苔草 *Carex callitrichos* V. Krecz.

938. 单穗苔草 *Carex capillacea* Boott

939. 匍枝苔草 *Carex cinerascens* Kukenth.

940. 白山苔草 *Carex canescens* Kük.

941. 莎苔草 *Carex bohemica* Schreb.

942. 针苔草 *Carex dahurica* Kükenth.

943. 带岭苔草 *Carex dailingensis* Y. L. Chou

944. 狭囊苔草 *Carex diplasiocarpa* V. Krecz.

945. 二籽苔草 *Carex disperma* Dew.

946. 野笠苔草 *Carex drymophila* Turcz. ex Steud.

947. 少囊苔草 *Carex egena* Levl. et Vant.

948. 离穗苔草 *Carex eremopyroides* V. Krecz.

949. 镰苔草 *Carex falcata* Turcz.

950. 米柱苔草 *Carex glauciformis* Meinsh.

951. 玉簪苔草 *Carex globularis* L.

952. 绿囊苔草 *Carex hypochlora* Freyn.

953. 假尖嘴苔草 *Carex laevissima* Nakai

954. 凸脉苔草 *Carex lanceolata* Boott

955. 毛苔草 *Carex lasiocarpa* Ehrh.

956. 宽鳞苔草 *Carex latisquamea* Kom.

957. 尖嘴苔草 *Carex leiorhyncha* C. A. Mey.

958. 沼苔草 *Carex limosa* L.

959. 间穗苔草 *Carex loliacea* L.

960. 长嘴苔草 *Carex longerostrata* C. A. Mey.

961. 小苞叶苔草 *Carex subebracteata*（Kukenth.）Ohwi

962. 紫鳞苔草 *Carex media* R. Br.

963. 乌拉草 *Carex meyeriana* Kunth

964. 翼果苔草 *Carex neurocarpa* Maxim.

965. 北苔草 *Carex obtusata* Zijebl.

966. 阴地针苔草 *Carex onoei* Franch. et Sav.

967. 直穗苔草 *Carex orthostachys* C. A. Mey.

968. 疣囊苔草 *Carex pallida* C. A. Mey.

969. 脚苔草 *Carex pediformis* C. A. Mey.

970. 柞苔草 *Carex pediformis* C. A. Mey. var. *pedunculata* Maxim.

971. 毛缘苔草 *Carex pilosa* Scop.

972. 扁秆苔草 *Carex planiculmis* Kom.

973. 漂筏苔草 *Carex pseudocuraica* Fr. Schmidt

974. 四花苔草 *Carex quadriflora*（Kukenth.）Ohwi

975. 丝引苔草 *Carex remotiuscula* Wahlenb.

976. 大穗苔草 *Carex rhynchophysa* C. A. Mey.

977. 灰株苔草 *Carex rostrata* Stokes ex With.

978. 膇囊莎草 *Carex schmidtii* Meinsh.

979. 宽叶莎草 *Carex siderosticta* Hance

980. 细花莎草 *Carex tenuiflora* Wahlenb.

981. 大针莎草 *Carex uda* Maxim.

982. 乌苏里莎草 *Carex ussuriensis* Kom.

983. 膜囊莎草 *Carex vesicaria* L.

（三六二）莎草属 *Cyperus*

984. 球穗莎草 *Cyperus difformis* L.

985. 头穗莎草 *Cyperus glomeratus* L.

986. 三轮草 *Cyperus orthostachyus* Franch. et Sav.

（三六三）荸荠属 *Eleocharis*

987. 中间型荸荠 *Eleocharis palustris* Bunge

988. 乳头基荸荠 *Eleocharis mamillata* Lindb

989. 卵穗荸荠 *Eleocharis ovata*（Roth.）Roem.

990. 羽毛荸荠 *Eleocharis wichurae* Boeckeler

991. 长刺牛毛毡 *Eleocharis yokoscensis*（Franch. et Sav.）Tang et Wang

（三六四）羊胡子草属 *Eriophorum*

992. 细秆羊胡子草 *Eriophorum gracile* Koch

993. 东方羊胡子草 *Eriophorum angustifolium* Honckeny

994. 红毛羊胡子草 *Eriophorum russeolum* Fries

995. 羊胡子草 *Eriophorum vaginatum* L.

（三六五）扁莎属 *Pycreus*

996. 球穗扁莎 *Pycreus flavidus*（Retzius）T. Koyama

（三六六）藨草属 *Scirpus*

997. 荆三棱 *Scirpus fluviatilis*（Torr.）A. Gray

998. 吉林藨草 *Scirpus komarovii* Rosh.

999. 头穗藨草 *Scirpus michelianus* L.

1000. 东方藨草 *Scirpus orientalis* Ohwi

1001. 单穗藨草 *Scirpus radicans* Schkuhr

1002. 水葱 *Scirpus tabernaemontani* Gmel.

1003. 藨草 *Scirpus triqueter* L.

九十三、兰科 Orchidaceae

（三六七）凹舌兰属 *Coeloglossum*

1004. 凹舌兰 *Coeloglossum viride*（L.）Hartm.

（三六八）杓兰属 *Cypripedium*

1005. 杓兰 *Cypripedium calceolus* L.

1006. 斑花杓兰 *Cypripedium guttatum* Swartz

1007. 大花杓兰 *Cypripedium macranthum* Swartz

1008. 大白花杓兰 *Cypripedium macranthum* Swartz f. *albiflorum*（Makino）Ohwi

（三六九）虎舌兰属 *Epipogium*

1009. 裂唇虎舌兰 *Epipogium aphyllum*（F. W. Schmidt）Swartz

（三七〇）斑叶兰属 *Goodyera*

1010. 小叶斑兰 *Goodyera repens*（L.）R. Br.

（三七一）手参属 *Gymnadenia*

1011. 手掌参 *Gymnadenia conopsea*（L.）R. Br.

（三七二）玉凤花属 *Habenaria*

1012. 十字兰 *Habenaria schindleri* Schltr.

（三七三）角盘兰属 *Herminium*

1013. 角盘兰 *Herminium monorchis*（L.）R. Br.

（三七四）原沼兰属 *Malaxis*

1014. 羊耳蒜 *Malaxis monophyllos*（L.）Sw.

（三七五）对叶兰属 *Listera*

1015. 对叶兰 *Listera puberula* Maxim.

（三七六）沼生属 *Malaxis*

1016. 沼兰 *Malaxis monophyllos*（L.）Swartz

（三七七）鸟巢兰属 *Neottia*

1017. 凹唇鸟巢兰 *Neottia nidus-avis*（L.）Rich. var. *manshurica* Kom.

（三七八）兜被兰属 *Neottianthe*

1018. 二叶兜被兰 *Neottianthe cucullata*（L.）Schltr.

1019. 斑叶兜被兰 *Neottianthe cucullata*（L.）Schltr. f. *maculata*（Nakai et Kitag.）Nakai et Kitag.

（三七九）红门兰属 *Orchis*

1020. 广布红门兰 *Orchis chusua* D. Don

1021. 卵唇红门兰 *Orchis cyclochila*（Franch. et Sav.）Maxim.

（三八〇）舌唇兰属 *Platanthera*

1022. 二叶舌唇兰 *Platanthera chlorantha* Cust. ex Rchb.

1023. 密花舌唇兰 *Platanthera hologlottis* Maxim.

（三八一）朱兰属 *Pogonia*

1024. 朱兰 *Pogonia japonica* Rchb. f.

（三八二）绶草属 *Spiranthes*

1025. 绶草 *Spiranthes sinensis*（Pers.）Ames

（三八三）蜻蜓兰属 *Tulotis*

1026. 蜻蜓兰 *Tulotis fuscescens*（L.）Czer.

参考文献

[1] 马克平. 试论生物多样性的概念. 生物多样性, 1993, 1(1): 2-22.

[2] McNeely J A. Consering the world' biological diversity. Washington, D. C. and Glnad, Switzerland, 1990: 25-26.

[3] 王伯荪, 王昌伟, 彭少麟. 生物多样性刍议. 中山大学学报: 自然科学版, 2005, 44(6): 68-70.

[4] 中国资源科学百科全书编辑委员会. 中国资源科学百科全书. 北京: 中国石油大学出版社, 2000.

[5] 李俊清. 森林生态学, 第三版. 北京: 高等教育出版社, 2017: 181.

[6] 陈容斌. 广东省森林生态系统植物多样性研究. 广州: 华南农业大学硕士论文, 2016: 2-4.

[7] 李俊清, 李景文, 崔国发. 保护生物学. 北京: 中国林业出版社, 2002: 13.

[8] Lubchenco J, Olson A, Brubaker B L, et al. The sustainable biosphere initiative: An ecological research agenda. Ecology. 1991, 72(2): 371-412.

[9] Wilson E O. The current state of biological diversity. Washington D C: National Academy of Sciences Press, 1988: 3-18.

[10] Woodruff D S. The Problems of conserving genes and species. Conservation for the Twenty-first Century, Oxford: Oxford University Press, 1989, 76-88.

[11] Ehrlich P R, Wilson E O. Biodiversity studies: science and policy. Science, 1991, 253: 758-762.

[12] 中国科学院生物多样性委员会. 生物多样性研究的原理与方法. 北京: 中国科学技术出版社, 1994: 1.

[13] 世界资源研究所(WRI), 等. 中国科学院生物多样性委员会, 译. 全球生物多样性策略. 北京: 中国标准出版社, 1993.

[14] 万慧林. 庐山森林生态系统植物多样性及其分布格局. 北京: 北京林业大学博士论文, 2007: 1.

[15] 彭萱亦. 不同演替阶段针阔混交林生物多样性评价指标体系的研究. 哈尔滨: 东北林业大学硕士论文, 2014, 4: 2.

[16] 马克平. 试论生物多样性的概念. 生物多样性, 1993, 1(1): 20-22.

[17] McNeely J A. Consering the world' biological diversity. Washington, D. C. and Glnad, Switzerland, 1990: 29-34.

[18] 何友均. 三江源自然保护区主要林区种子植物多样性及其保护研究. 北京: 北京林业大学博士论文, 2005: 1.

[19] Primack R B, Hall P. Biodiversity and forest change in Malaysian Borneo. BioScience, 1985, 42: 829-837.

[20] 田兴军. 生物多样性及其保护生物学. 北京: 化学工业出版社, 2005: 6.

[21] 米湘成, 冯刚, 张健, 等. 中国生物多样性科学研究进展评述, 2021, 36(4): 384-389.

[22] Magle S, Reyes P, Zhu J, et al. Extirpation, colonization, and habitat dynamics of a keystone species along an urban gradient. biological Conservation, 2010, 143(9): 2146-2155.

[23] Wittebolle L, Marzorati M, Clement L, et al. Initial community evenness favours functionality under selective stress. Nature, 2009, 458(7238): 623-626.

[24] Helmus M, Keller W, Paterson M, et al. Communities contain closelyrelated species during ecosystem disturbance. Ecology Letters, 2010, 13(2): 162-174.

[25] 马克平, 陈灵芝, 杨晓杰. 生态系统多样性: 概念、研究内容与进展. 生物多样性研究进展——首届全国生物多样性保护与持续利用研讨会论文集, 1994.

[26] 马克平, 钱迎倩. 生物多样性保护及其研究进展. 应用与环境生物学报, 北京, 1998, 4(1): 96.

[27] Bellusci F, Palermo A M, Pellegrino G, et al. Genetic diversity and spatial structure in the rare, endemic orophyte *Campanula* pseudosteno-codon Lac. (Apennines, Italy) , as a infered from nuclear and plastid variation. Plant biosystems, 2008, 142 (1): 24-29.

[28] Sha H A, Li D Z, Gao L M, et al. Genetic diversity within and among populations of the endangered species *Taxus fuana* (Taxaceae) from Pakistan and implications for its conservation [J]. Biochemical System-atics and Ecology, 2008, 36(3): 183-193.

[29] Doležal'J, šrůtuk M. Altitudinal changes in composition and structure of mountain-emperate vegetation: a case study from the western carpathians. Plant Ecology, 2002, 158(2): 201-221.

[30] Currie David J, Paquin Viviane. Large-scale biogeographical patterns of species richness of trees. Nature, 1987, 329(6137): 326-327.

[31] Biswas Shekhar R, Mallik Aaim U. Disturbance effects on species diversity and functional diversity in riparian and upland plant communities. Ecology, 2010, 91(1): 28-35.

[32] Seastedt T R, Bowman W D, Caine T N, et al. The Landscape continuum: A model for high-elevation ecosystems. Bioscience, 2004, 54(2): 111-121.

[33] Stowe C J, Kissling W D, Ohlemüller R, et al. Are ecotone properties scale-dependent? A test from a *Nothofagus* treeline in southern New Zealand. Community Ecology, 2003, 4 (1): 35-42.

[34] Donohue I, Hillebrand H, Montoya J M, et al. Navigating the Complexity of Ecological Stability. Ecology Letters, 2016, 19: 1172-1185.

[35] Kéfi S, Domínguez-García V, Donohue I, et al. Advancing our understanding of eco-logical stability. Ecology Letters, 2019, 22: 1349-1356.

[36] Tilman D, Knops J, Wedin D, et al. The influence of functional diversity and composition of ecosystem processes. Science, 1997, 277: 1300-1302.

[37] Hooper D U, Naeem S, Schmid B, et al. Effects of biodiversity on ecosystem functioning: a consensus of current knowledge. Ecological Monographs, 2005, 75: 3-35.

[38] Balvanera P, Pfisterer A B, Buchmann N, et al. Quantifying the evidence for biodiversity effects on ecosystem functioning and services. Ecology Letters, 2006, 9: 1146-1156.

[39] Cardinale B J, Srivastava D S, Duffy E J, et al. Effects of biodiversity on the functioning of trophic groups and ecosystems. Nature, 2006, 443: 989-992.

[40] McCann K S. The diversity-stability debate. Nature, 2000, 405: 228-233.

[41] Houlahan J E, Currie D J, Cottenie K, et al. Negative relationships between species-richness and tem-poral variability are common but weak in natural systems. Ecology, 2018, 99: 2592-2604.

[42] Hautier Y, Seabloom E W, Borer E T, et al. Eutrophication weakens stabi-lizing effects of diversity in natural grasslands. Nature, 2014, 508: 521-525.

[43] Tilman D, Isbell F, Cowles J M. Biodiversity and eco-system functioning. Annual Review of Ecology, Evolution, and Systematics, 2014, 45: 471-493.

[44] Gurevitch J, Padilla D. Are invasive species a major cause of extinctions? Trends in Ecology & Evolution, 2004, 19(9): 470-474.

[45] Sax D, Gaines S. Species invasions and extinction: the future of native biodiversity on islands. Proceedings of the National Academy of Sciences, 2008, 105(S1): 11490-11497.

[46] Auclairan, Gofff G. Diversity relations of upland forest in the western Great lakesa area. Am Nat, 1971, 105: 449-528.

[47] Margalef R. Information theory in ecology. General System, 1957, 3: 37-71.

[48] Aber J D, Magill A H, Boone R, et al. Plant and soil responses to chronic nitrogen additions at the Harvard forest, Massachusetts. Ecological Applications, 1993, 3: 156-166.

[49] Tilman D, Wedin D, Knops J. Productivity and sustainability in fluenced by biodiversity in grassland ecosystems. Nature. 1996, 379: 718-720.

[50] Tilman D, Knops J, Wedin D, et al. The in fluence of functional diversity and composition on ecosystem processes. Science, 1997, 277: 1300-1302.

[51] Sehlesinger W H. Evidence from chronosequence studies for a low carbon storage potential of soil. Nature, 1990, 348: 232-234.

[52] Bond-Lamberty B, Wang C K, Gower S T. A global relationship between the heterotrophic and autotrophic components of soil respiration?Global Change Biology, 2004, 10, 1756-1766.

[53] Ryan M G, Binkley D, Fownes J H, et al. An experimental test of the causes of forest growth decline with stand age. Eeological MonograPhs, 2004, 74: 393-414.

[54] Tang J, Bolstad P, Martin J G. Soil carbon fluxes and stocks in a Great Lakes forest chronosequence. Global change biology, 2009, 15: 145-155.

[55] 马克平. 森林与人类休戚相关, 需要我们更多呵护. 生物多样性, 2011, 19 (3): 273-274 .

[56] Turner M G, Collins S L, Lugo A E, et al. Disturbance dynamics and ecological response: the contribution of long-term ecological research. Bioscience, 2003, 53: 46-56.

[57] Escobedo F J, Kroeger T, Wagner J E. Urban forests and pollution mitigation: analyzing ecosystem services and disservices. Environ Pollut, 2011, 159(8): 2078-2087.

[58] 马克平. 监测是评估生物多样性保护进展的有效途径. 生物多样性, 2011, 19(2): 125-126.

[59] CBD. Monitoring and indicators: designing national-level monitoring programmes and indicators. Convention on Biological Diversity Ninth meeting, 2003: 1-43.

[60] Williams C B. Area and number of species. Nature, 1943, 152(3853): 264-267.

[61] Whittaker R. Evolution and measurement of species diversity. Taxon, 1972, 21(2/3): 213-251.

[62] 米湘成, 冯刚, 张健, 等. 中国生物多样性科学研究进展评述. 中国科学院院刊, 2021, 36(4): 384-398.

[63] 马克平. 生物多样性研究进展. 首届全国生物多样性保护与持续利用研讨会论文集, 1994: 74.

[64] 田兴军. 生物多样性及其保护生物学. 北京: 化学工业出版社, 2005: 27.

[65] 郑允文, 薛达元, 张更生. 我国自然保护区生态评价指标和评价标准. 农村生态环境学报, 1994, 10(3): 22-25.

[66] 史作民, 程瑞梅, 陈力, 等. 区域生态系统多样性评价方法. 农村生态环境, 1996, 12(2): 1-5.

[67] 张峥, 张建文, 李寅年, 等. 湿地生态评价指标体系. 农业环境保护, 1999, 18(6): 283-285.

[68] 杨树华, 黄思铭, 欧晓昆, 等. 云南省生态现状综合评价研究. 云南大学学报(自然科学版), 1999, 21 (2): 124-126.

[69] 万本太, 徐海根, 丁晖, 等. 生物多样性综合评价方法研究. 生物多样性. 2007, 15(1): 97-106.

[70] 陈圣宾, 蒋高明, 高吉喜, 等. 生物多样性监测指标体系构建研究进展. 生态学报, 2008, 28(10): 5123-5132.

[71] Xu J C R, Edward G, Arun S, et al. The melting himalayas: cascading effects of climate change on water,

biodiversity, and livelihoods. Conservation Biology, 2009, 23, (3), 520-530.

[72] 张颖. 我国森林生物多样性变化的评价研究. 林业资源管理, 2002(2): 46-48.

[73] 张颖. 基于森林资源清查的中国森林生物多样性. 环境保护, 2021, 49(21): 22-25.

[74] 丁辉, 秦卫华. 生物多样性评估指标及其案例研究. 北京: 中国环境科学出版社, 2009.

[75] 李宗善, 唐建维, 郑征. 西双版纳热带山地雨林的植物多样性研究. 植物生态学报, 2004, 28(6): 833-836.

[76] 熊好琴, 张娴, 李小英. 漫湾库区周边常绿阔叶林群落多样性研究. 现代农业科技, 2011(13): 189-190.

[77] 张玲, 袁晓颖, 张东来. 大、小兴安岭植物区及交错区物种多样性比较研究. 植物研究, 2007, 27(3): 356-360.

[78] 赵丽娜, 孙广玉, 尹鹏达, 等. 小兴安岭天然白桦林植物物种多样性的多尺度分析. 东北林业大学学报, 2010, 38(6): 46-48.

[79] 张象君, 王庆成, 王石磊, 等. 小兴安岭落叶松人工纯林近自然化改造对林下植物多样性的影响. 林业科学, 2011, 47(1): 6-14.

[80] 刘少冲, 段文标, 冯静, 等. 林隙对小兴安岭阔叶红松林树种更新及物种多样性的影响. 应用生态学报, 2011, 22(6): 1381-1388.

[81] 许春菊, 王琳, 刘江滨. 小兴安岭地区森林保护与生物多样性探析. 林业勘察设计, 2006(3)(总 139 期): 11-12.

[82] 董亚杰, 王雪峰, 翟树臣. 小兴安岭东北部植被组成的生活型及生活型谱分析. 沈阳农业大学学报, 1996, 27(4): 294-299.

[83] 徐存宝, 张伟, 宋国华, 等. 小兴安岭阔叶红松林下草本植物分布特点分析. 林业科技, 2000(5): 4-6.

[84] 王立海, 孟春. 小兴安岭带岭林区红松阔叶林景观多样性与稳定性研究应用. 应用生态学报, 2005, 16(12): 2267-2270.

[85] 佘丹琦, 黄喜亭, 肖路, 等. 小兴安岭凉水国家级自然保护区植物 beta 多样性及其影响因素的研究. 生物多样性. 2022, 30(3): 21274, 1-12.

[86] 岳永杰, 余新晓, 牛丽丽, 等. 北京雾灵山植物群落结构及物种多样性特征. 北京林业大学学报, 2008, 30(2): 165-170.

[87] 夏铭. 生物多样性研究进展. 东北农业大学学报, 1999, 30(1): 94-100.

[88] 中国自然资源丛书编辑委员会. 中国自然资源丛书黑龙江卷. 北京: 中国环境科学出版社, 1995.

[89] 刘传照, 刘林馨, 于景华, 等. 小兴安岭野生经济植物原色图鉴. 哈尔滨: 东北林业大学出版社, 2011: 1-13.

[90] 孙冰, 杨国亭, 李弘, 等. 白桦种群的年龄结构及其群落演替. 东北林业大学学报, 1994, 22(3): 43-48.

[91] 王业蘧. 阔叶红松林. 哈尔滨: 东北林业大学出版社, 1994: 260.

[92] 周以良. 中国小兴安岭植被. 北京: 科学出版社, 1994: 23.

[93] 谢国文, 颜亨梅, 张文辉. 生物多样性保护和利用. 长沙: 湖南科学技术出版社, 2001.

[94] 吴征镒, 王荷生. 中国自然地理—植物地理(上册). 北京: 科学出版社, 1983.

[95] 曹伟, 李冀云. 小兴安岭植物区系与分布. 北京: 科学出版社, 2007: 5-82.

[96] 吴征镒, 孙航, 周浙昆, 等. 中国种子植物区系地理. 北京: 科学出版社, 2010, 54-72, 120-291.

[97] 李锡文. 中国种子植物区系统计分析. 云南植物研究, 1996, 18(4): 363-384.

[98] 周以良, 等. 黑龙江省植物志第一卷, 第四卷~第十一卷. 哈尔滨: 东北林业大学出版社, 1992.

[99] 吴征镒, 周浙昆, 李德铢. 世界种子植物科的分布区类型系统. 云南植物研究, 2003, 25(3): 245-257.

[100] 吴征镒. 中国种子植物属的分布区类型. 云南植物研究, 1991(增刊Ⅳ): 1-139.

[101] 于顺利, 马克平, 陈灵芝, 等. 黑龙江省不同地点蒙古栎林生态特点研究. 生态学报, 2001, 21(1): 41-46.

[102] 张重岭, 刘文庆, 王瑜. 内蒙古大兴安岭东南部林区蒙古栎林物种多样性的初步研究. 内蒙古林业调查设计, 28(3): 58-59.

[103] 高贤明, 马克平, 陈灵芝. 暖温带若干落叶阔叶林群落物种多样性及其与群落动态的关系. 植物生态学报, 2001, 25(3): 283-290.

[104] 区智, 李先砚, 吕仕洪, 等. 桂西南岩溶植被演替过程中的植物多样性. 广西科学, 2003, 10(1): 63-67.

[105] 李裕元, 邵明安. 子午岭植被自然恢复过程中植物多样性的变化. 生态学报, 2004, 24(2): 252-259.

[106] 韩玉萍, 李雪梅, 刘玉成. 缙云山常绿阔叶林次生演替序列群落物种多样性动态研究. 西南师范大学学报(自然科学版), 2002, 25(1): 62-68.

[107] 黄建辉, 高贤明, 马克平, 等. 地带性森林群落物种多样性的比较研究. 生态学报, 1997, 17(6): 611-618.

[108] 马晓勇, 上官铁梁. 太岳山森林群落物种多样性. 山地学报, 2004, 22(5): 606-612.

[109] 李凤英, 纪桂琴, 石福臣. 凉水国家级自然保护区森林群落结构及物种多样性分析. 南开大学学报(自然科学版), 2009, 42(3): 38-45.

[110] Simpson G G. Species density of North American rodent mammals. Syst. Zoology, 1964, 13(5): 57-73.

[111] Itow S. Species turnover and diversity patterns along an elevation broadleaved forest coenocline. Journal of Vegetion Science, 1991, 2: 477-484.

[112] Whittaker R H, Niering W A. Vegetation of the Santa Catalina Mountains, Arizona: V. Biomass. production, and diversity along the elevation gradient. Ecology, 1975, 56: 771-790.

[113] Peet R K. Forest vegetation of the Colorado, Front Range; Pattern of species diversity. Vegetation, 1978, 37: 65-78.

[114] Rey B J M. Patterns of diversity in the strata of boreal forest in British Columbia. Journal of Vegetation Science, 1995, 6: 95-98.

[115] Wilson J B, Sydes M T. Some tests for niche limitation by examination of species diversity in the Dunedin area, New Zealand. N. Z. J. Bot., 1988, 126: 237-244.

[116] Palmer M W. The ecoexistence of species in fractal landscapes. A merican Nat uralist, 1992, 139: 375-397.

[117] 彭少麟. 森林群落物种多样性变因及与生态效益和经济效益的关系. 生态学杂志, 1987, 6(3): 35-38.

[118] Connel J H, Eduard O. The ecological regulation of species diversity. The American Naturalist, 1964, 98: 399-414.

[119] Pianka E R. Latitudinal gradients in species diversity: a review of concepts. The American Naturalist, 1966, 100: 36-46.

[120] 黄建辉. 物种多样性的空间格局及其形成机制初探. 生物多样性, 1994, 2(2): 103-107.

[121] 张知彬. 物种数和面积、纬度之间关系的研究. 生态学报, 1995, 15(3): 305-311.

[122] 张巍, 牟长城, 屈红军. 东北林区落叶松人工林群落植物多样性研究. 牡丹江师范学院学报(自然科学版), 2008, 3: 1-4.

[123] Lieberman D M, Lieberman R P, Hartshorn G. Tropical forest structure and composition on a large scale altitudinal gradient in Costa Rica. Journal of Ecology, 1996, 84: 137-152.

[124] Zimmerman J C, Wald L E De, Rowlands P G. Vegetation diversity in an interconnected ephemeral riparian system of north central Arizona, U S A. Biological Conservation, 1999: 217-228.

[125] Zhao C M, Chen W L, Tian Z Q, et al. Altitudinal pattern of plants species diversity in Shennongjia mountains, central China. Journal of Integrative Plant Biology, 2005, 47(12): 1431- 1449.

[126] Odland A, Birks H J B. The altitudinal gradient of vascular plant richness in Aurland, western Nor way. Ecography, 1999, 22(5): 548-566.

[127] Austrheim G. Plant diversity pattern in semi-natural grasslands along an elevation gradient on southern Norway. Plant Ecology, 2002, 161: 193-205.

[128] Willig M R, Kaufman D M, Stevens R D. Latitudinal gradients of biodiversity: pattern, process, scale, and synthesis. Annual Review of Ecology, Evoluti on, and Systematics, 2003, 34: 273-309.

[129] Fosaa A M. Biodiversity patterns of vascular plant species inmountain vegetation in the Faroe islands. Diversity and Distributions, 2004, 10: 217-223.

[130] 张璐, 苏志尧, 陈北光. 山地森林群落物种多样性垂直格局研究进展. 山地学报, 2005, 23(6): 736-743.

[131] Kessler M, Herzog S K, Fjeldså J, et al. Species richness and endemism of plant and bird communities along two gradients of elevation, humidity and land use in the Bolivian Andes. Diversity and Distributions, 2001, 7: 61-77.

[132] Rahbek C. The role of spatial scale and the perception of large-scales pecies richness patterns. Ecology Letters, 2005, 8: 224-239.

[133] Wang Z, Tang Z, Fang J. Altitudinal patterns of seed plant richness in the Gaoligong mountains, southeast Tibet, China. Diversity and Distributions, 2007, 13 (6): 84-854.

[134] 高远, 慈海鑫, 邱振鲁, 等. 山东蒙山植物多样性及其海拔梯度格局. 生态学报, 2009, 29(12): 6377-6384.

[135] Lomolino M V. Elevation gradients of species density: historical and prospective views. Global Ecologyand Biogeography, 2001, 10: 3-13.

[136] Bhattarai K R, Vetaas O R. Variati on in plants pecies richness of different life forms along a subtropical elevation gradient in the Himalayas, east Nepal. Global Ecology and Biogeography, 2003, 12(4): 327-340.

[137] 井学辉, 臧润国, 丁易, 等. 新疆阿尔泰山小东沟北坡植物多样性沿海拔梯度分布格局. 林业科学, 2010, 46(1): 23-28.

[138] 苏建荣, 刘万德, 张炜银, 等. 西藏色季拉山西坡种子植物多样性垂直分布, 林业科学, 2011, 47(3): 12-19.

[139] 张新时, 等. 中国植被及其地理格局. 北京: 地质出版社, 2008.

[140] 中国森林生态服务功能评估项目组. 中国森林生态服务功能评估. 北京: 中国林业出版社, 2010: 1-3, 49, 65.

[141] Costanza, Rudolf de Groot. The value of the world's ecosystem services and natural capital. Nature, 1997, 387: 253-260.

[142] Daily G C. Management objectives for the protection of ecosystem service. Environmental Science and Policy, 2000, 6: 333-339.

[143] Farber S, Costanza R, Daniel L, et al. Linking ecology and economics for ecosystem management.

Bioscience, 2006, 56 (2): 121-133.

[144] Wattage P, Mardle S. Total economic value of wetland conservation in Sri Lanka identifying use and non-use values. Wetlands Ecol Manage, 2008, 16(5): 359-369.

[145] Virgin D E. Estimating the provision of ecosystem services by gulf of Mexico Coastal Wetlands. Wetlands, 2011(31): 179-193.

[146] 王玉涛, 郭卫华, 刘建, 等. 昆嵛山自然保护区生态系统服务功能价值评估. 生态学报, 2009(1): 523-531.

[147] 赵同谦, 欧阳志云, 郑华, 等. 中国森林生态系统服务功能及其价值评价. 自然资源学报, 2004, 19(4): 480-491.

[148] 余新晓, 鲁绍伟, 靳芳. 中国森林生态系统服务功能价值评估. 生态学报, 2005, 25(8): 2096-2102.

[149] 艾runs盛, 高岚. 武夷山国家风景名胜区游憩价值的评估. 北京林业大学学报, 1996, 18(3): 89-97.

[150] 成克武, 崔国发, 王建中, 等. 北京喇叭沟门林区森林生物多样性经济价值评价. 北京林业大学报, 2000, 22(4): 66-71.

[151] 徐慧, 钱谊, 彭补拙, 等. 鹤落坪自然保护区非使用价值的评估. 农村生态环境, 2004, 20(4): 6-9.

[152] 茹永强, 哈登龙. 鸡公山自然保护区森林生态系统间接价值评估. 信阳师范学院学报, 2005, 18(1): 72-73.

[153] 黄承标, 张建华, 罗远周, 等. 广西猫儿山国家级自然保护区森林涵养水源功能及其经济价值估算. 植物资源与环境学报, 2010, 19(1): 69-74, 94.

[154] 鄂平玲. 专访伊春市市长王爱文: "主动限伐"拓展生态主导型经济. 中国经济周刊, 2009(50): 42-43.

[155] 中国生物多样性研究报告编写组. 中国生物多样性国情研究报告. 北京: 中国环境科学出版社, 1998.

[156] 侯亚红, 冯永忠, 任广鑫, 等. 拉萨市生态服务功能价值评估. 西北林学院学报, 2011, 26(2): 220-224.

[157] 赵军, 杨凯. 生态系统服务价值评估研究进展. 生态学报, 2007, 27(1): 346-356.

[158] Edward B B. Valuing ecosystem services as productive inputs. Economic Policy January. 2007(49), 177-229.

[159] Heather T, Stephen P. Mapping and valuing ecosystem services as an approach for conservation and natural-resource management. The Year in Ecology and Conservation Biology, 2009, 1162: 265-283.

[160] Turner R K, Morse-Jones S, Fisher B. Ecosystem valuation: A sequential decision support system and quality assessment issues. Annals of the New York Acadmy of Sciences, 2010: 79-101.

[161] 欧阳志云, 王如松, 赵景柱. 生态系统服务功能及其生态经济价值评价. 应用生态学报, 1999, 10(5): 635-640.

[162] 李俊清, 崔国发, 臧润国. 小兴安岭五营林区森林生态系统经营研究. 北京林业大学学报, 2000, 10(4): 385-388.

[163] Zhou G Y, Peng C H, Li Y L, et al. A climate change-induced threat to the ecological resilience of a subtropical monsoon evergreen broad-leaved forest in Southern China. Glob Change Biol, 2013, 19(4): 1197-1210.

[164] Zhou G Y, Houlton B Z, Wang W T, et al. Substantial reorganization of China's tropical and subtropical forests: Based on the permanent plots. Glob Change Biol, 2014, 20(1): 240-250.

[165] Xiao Y, Zhou G, Zhang Q, et al. Increasing active biomass carbon may lead to a breakdown of mature forest equilibrium. Sci Reports, 2014, 4: 3681.

[166] 周国逸, 陈文静, 李琳. 成熟森林生态系统土壤有机碳积累: 实现碳中和目标的一条重要途径. 大气科学学报. 20220313007.

小兴安岭自然景观、森林群落和代表性植物图片

图1 小兴安岭低山丘陵地貌
（2008年9月摄于伊春市汤旺河区）

图2 小兴安岭汤旺河石林地貌
（2008年9月摄于伊春市汤旺河石林国家森林公园）

图3 小兴安岭地带性植被——阔叶红松林
（2008年8月摄于丰林国家级自然保护区）

图4 红松（*Pinus koraiensis* Sieb.）
（2008年9月摄于凉水国家级自然保护区）

图 5　谷地云冷杉林
（2008 年 9 月摄于凉水国家级自然保护区）

图 6　山地寒温性云冷杉林
（2010 年 4 月摄于伊春市带岭区大青山，海拔 1100m）

图 7　天然落叶松林
（2008 年 8 月摄于伊春市乌伊岭区）

图 8
落叶松（*Larix gmelinii*（Rupr.）Kuze.）
（2009 年摄于伊春市汤旺河区）

图 9　亚高山矮曲林——岳桦林
（2008 年 7 月摄于伊春市带岭区大青山，海拔 1200m）

图 10　白桦天然次生林
（2008 年 8 月摄于伊春市伊春区）

图 11　蒙古栎天然次生林
（2009 年 9 月摄于伊春市带岭区）

图 12　蒙古栎（*Quercus mongolica* Fisch.ex Ledeb.）（2008 年 8 月摄于伊春市乌伊岭区）

图13　落叶松人工林
（2008 年 8 月摄于凉水国家级自然保护区）

图14　樟子松人工林
（2010 年摄于伊春市带岭区）

图15　红松人工林
（2010 年 11 月摄于伊春市带岭区）

图16　新记录种 [（依次为中国扁蕾（*Gentianopsis barbata*（Froel）Ma var. *sinensis* Ma）
（2009 年摄于黑河市爱辉区）、白花刺蔷薇（*Rosa acicularis* Lindl. f. *alba* Z.Wang et Q.L.Wang）
（2009 年 6 月摄于伊春市汤旺河石林国家森林公园）]

图 17 白花刺蔷薇（*Rosa acicularis* Lindl. f. *alba* Z.Wang et Q.L.Wang）（2009 年 6 月摄于伊春市汤旺河石林国家森林公园）

图 18 二叶舞鹤草（*Maianthemum bifolium*（L.）F.W.Schmidt）（2009 年 6 月摄于伊春市新青区）

图 19 白花掌叶白头翁（*Pulsatilla patens*（L.）Mill. var. *multifida*（Pritz.）S.H.Li et Y.H.Huang f. *albiflora* X.F.Zhao ex Y.Z. Zhao）（2009 年 5 月摄于黑河市爱辉区）

图 20 侧金盏花（*Adonis amurensis* Regel et Radde）（2010 年 5 月摄于伊春市带岭区）

图 21　鼓囊苔草（*Carex schmidtii* Meinsh.）（2008 年 9 月摄于伊春市五营区）

图 22
刺五加（*Eleutherococcus senticosus*（Rupr.et Maxim.）Harms）
（2008 年 9 月摄于凉水国家级自然保护区）

图 23 黄檗（*Phellodendron amurense* Rupr.）

（2010 年 6 月摄于伊春市带岭区）

图 24 水曲柳（*Fraxinus mandshurica* Rupr.）

（2010 年 9 月摄于伊春市带岭区）

图 25　紫椴（*Tilia amurensis* Rupr.）（2009 年 7 月摄于凉水自然保护区）

图 26
小兴安岭境内最大河流——汤旺河
（2008 年 8 月摄于伊春市金山屯区）

图 27　小兴安岭亚高山地貌
（2009 年 10 月摄于伊春市带岭区大青山）